高等院校"+互联网"系列精品教材

全媒体环境下学习
C 语言程序设计

主　编　王伟斌　俞淑燕

副主编　梅旭时　颜钰琳　张沫

电子工业出版社

Publishing House of Electronics Industry

北京·BEIJING

内 容 简 介

本书根据教育部最新的职业教育专业改革要求，在已建立的精品课程基础上进行编写，主要通过大量实际任务的分析和编程实现，逐步培养学生利用 C 语言进行程序设计的能力，掌握程序设计的基本步骤和语法。全书共 10 章，内容包含 C 语言程序设计基础、顺序结构程序设计、选择结构程序设计、循环结构程序设计、数组、函数、指针、结构体与共用体、文件、综合应用程序开发等内容。每章都配有大量的案例、练习题和章节习题，以知识讲解、案例分析、编程练习、知识延伸为体系，在教、学、做中引导学生进行学习，提升学习效果。

本书为高等职业本专科院校各专业 C 语言程序设计课程的教材，也可作为开放大学、成人教育、自学考试、中职学校、培训班的教材，以及自学者与编程人员的参考书。

本书配有免费的电子教学课件、习题参考答案、案例源代码、电子教案、授课计划、课程标准等资源，详见前言。

图书在版编目（CIP）数据

全媒体环境下学习 C 语言程序设计/王伟斌，俞淑燕主编. —北京：电子工业出版社，2018.8
全国高等院校"+互联网"系列精品教材
ISBN 978-7-121-34204-2

Ⅰ. ①全…　Ⅱ. ①王…　②俞…　Ⅲ. ①C 语言—程序设计—高等学校—教材　Ⅳ. ①TP312.8

中国版本图书馆 CIP 数据核字（2018）第 103032 号

策划编辑：陈健德（E-mail：chenjd@phei.com.cn）
责任编辑：裴　杰
印　　刷：北京七彩京通数码快印有限公司
装　　订：北京七彩京通数码快印有限公司
出版发行：电子工业出版社
　　　　　北京市海淀区万寿路 173 信箱　邮编 100036
开　　本：787×1 092　1/16　印张：14.25　字数：364.8 千字
版　　次：2018 年 8 月第 1 版
印　　次：2021 年 6 月第 5 次印刷
定　　价：49.00 元

凡所购买电子工业出版社图书有缺损问题，请向购买书店调换。若书店售缺，请与本社发行部联系，联系及邮购电话：(010) 88254888，88258888。

质量投诉请发邮件至 zlts@phei.com.cn，盗版侵权举报请发邮件至 dbqq@phei.com.cn。
本书咨询联系方式：chenjd@phei.com.cn。

前　言

C 语言是一门通用计算机编程语言，应用广泛。C 语言的设计目标是提供一种能以简易的方式编译、处理低级存储器、产生少量的机器码以及不需要任何运行环境支持便能运行的编程语言。目前，国内外高校的计算机、电子、通信、自动化等专业均开设了"C 语言程序设计"课程，并将其视为一门重要的专业基础课。本书作为以面向高等职业教育学生为主的基础课程教材，充分考虑了学生的学习特点，在内容选择上，注意理论与实践相结合，以更好地适应职业教育学生的学习基础、学习习惯和培养目标。

本书编写主要体现了以下 3 个特点。

1. 淡化语法理论，强调实践应用

本书坚持"理论够用，强调实践"的原则，引入 C 语言教学的新思想、新方法，改变过去定义和规则等语法讲授过多的弊端，从实际案例入手，引导学生学以致用，将所学理论知识在案例和编程练习中加深理解，努力把枯燥的语言用案例来灵活呈现，让学生明白如何分析并解决实际问题，进而逐步培养学生养成良好的编程习惯，树立正确的编程思想。

2. 结构设计合理，内容编排有序

为了让学习者更好地理解知识点，在结构设计上，按照"知识讲解""案例分析""编程练习""知识延伸"的结构体系，注重"通俗性、可接受性"，以知识、编程、技能、思考这一连贯的方式让学生掌握学习要点，同时注重程序设计方法，将案例分析又分为"题目描述、程序代码、运行结果、程序注解"四个部分，注重编程过程的分析与解决，使学生完整理解程序设计方法。在内容编排上，本书根据 C 语言的特点，逐步深入，注重连贯性和渐进性，第 10 章还设计了多个综合案例，使学生在学习完本书后，知道如何学以致用，进而引导他们提升项目开发能力和水平。

3. "立体化"教学资源，"共享型"训练题库

本书除提供电子教材课件、习题库、案例、电子教案等常规教学资源外，还根据编者所在学校目前在 C 语言教学中积累的教学成果，提供了程序设计在线判题平台的使用经验，并提供了相应的平台建设建议和指导，为高职院校搭建自己的训练平台提供帮助。编者已经建立了大量中英文训练题库，可以满足不同层次学生的学习训练需求。本平台依据 ACM 比赛模式搭建，能为大学生程序设计竞赛的综合集训提供解决方案。该平台在减轻任课教师批改作业压力的同时，为提高学生编程能力、培养自学习惯提供了最佳环境。

本书共有 10 章，分为 C 语言程序设计基础、顺序结构程序设计、选择结构程序设计、循环结构程序设计、数组、函数、指针、结构体与共用体、文件、综合应用程序开发等内容，每章都配有大量的案例，在教、学、做中引导学生进行学习，提升学习效果。本书作为教材使用时，参考学时为 60～80 学时，建议采用理论和实践一体化教学模式。

本书由金华职业技术学院的王伟斌、梅旭时、颜钰琳和浙江邮电职业技术学院的俞淑燕、张沫等合作编写，由金华职业技术学院陈晓龙教授主审，编者在编写本书的过程中得到了金华职业技术学院、浙江邮电职业技术学院领导、教师和学生的大力支持，同时，编者参考了

大量 C 语言的相关书籍、资料和网络资源，在此一并表示衷心的感谢。

为了方便教师教学，本书还配有免费的电子教学课件、习题参考答案、案例源代码、电子教案、授课计划和课程标准等资源，请有此需要的教师登录华信教育资源网（http://www.hxedu.com.cn）注册后再进行免费下载，也可扫一扫书中的二维码阅览或下载更多的教学资源。使用中如有问题，请在网站留言板留言或与电子工业出版社联系（E-mail：hxedu@phei.com.cn）。

由于时间紧迫和编者水平有限，书中难免存在不足或错误之处，敬请读者提出宝贵意见。

编者

轻一轻扫一扫　测试更便捷

	复习试卷 1		试卷 1 答案
	复习试卷 2		试卷 2 答案
	复习试卷 3		试卷 3 答案
	复习试卷 4		试卷 4 答案

第 1 章

C 语言程序设计基础

知识目标

- 了解 C 语言的产生、发展和特点
- 熟悉 C 语言程序的结构和上机步骤
- 了解程序的算法

扫一扫看
本章教学
课件

能力目标

- 了解 C 程序的结构，能进行简单 C 程序的编写
- 学会绘制流程图
- 能用算法思想分析程序设计问题

扫一扫看C语言概述、了解并熟悉上机步骤课教案设计

1.1　C语言的产生与发展

C语言是一门通用的、模块化、程序化的编程语言，被广泛应用于操作系统和应用软件的开发。由于其具有高效性和可移植性，能适应不同硬件和软件平台，深受程序开发员的青睐。

C语言是1972年由美国的Dennis Ritchie和Brain Kernighan等人设计发明的，并首次在UNIX操作系统的DEC PDP-11计算机上使用。它由早期的编程语言BCPL（Basic Combined Programming Language）发展演变而来。1970年，AT&T 贝尔实验室的Ken Thompson根据BCPL设计出较先进的并取名为B的语言，最后导致了C语言的问世。随着微型计算机的日益普及，出现了许多C语言版本。由于没有统一的标准，使得这些C语言之间出现了一些不一致的地方。为了改变这种情况，美国国家标准研究所（ANSI）为C语言制定了一套ANSI标准，成为现行的C语言标准。目前，流行的C语言编译系统大多是以ANSI C为基础进行开发的，但不同版本的C编译系统所实现的语言功能和语法规则略有差别。

C语言是一种用途广泛、功能强大、使用灵活的过程性编程语言，既可用于编写应用程序，又能用于编写系统软件。因此，C语言问世以后得到了迅速推广，学习和使用C语言的人越来越多，成为学习和使用人数最多的一种计算机语言之一。

1.2　C语言的特点

C语言发展如此迅速，成为最受欢迎的语言之一，主要是因为它具有强大的功能。许多著名的系统软件，如PC-DOS、DBASE Ⅳ都是由C语言编写的。在C语言基础上加一些汇编语言子程序，就更能显示C语言的优势。

归纳起来，C语言具有下列特点。

1. 语言简洁，使用方便灵活

C语言是现有程序设计语言中规模最小的语言之一，而小的语言体系往往能设计出较好的程序。C语言的关键字很少，ANSI C标准一共只有32个关键字、9种控制语句，压缩了一切不必要的成分。C语言的书写形式比较自由，表达方法简洁，使用一些简单的方法就可以构造出相当复杂的数据类型和程序结构。

2. 可移植性好

使用过汇编语言的读者都知道，即使是功能完全相同的一种程序，对于不同的单片机，也必须采用不同的汇编语言来编写。这是因为汇编语言完全依赖于单片机硬件。而现代社会中新器件的更新换代速度非常快，基本上每年都要和新的单片机"打交道"。如果每接触一种新的单片机就要学习一次新的汇编语言，那么也许我们将一事无成，因为每学一种新的汇编语言，少则花费几月，多则花费上年的时间，那么我们还有多少时间真正用于产品开发呢？

C 语言是通过编译来得到可执行代码的，统计资料表明，不同机器上的 C 语言编译程序 80%的代码是公共的，C 语言的编译程序便于移植，从而使在一种单片机上使用的 C 语言程序，可以不加修改或稍加修改即可方便地移植到另一种结构类型的单片机上。这大大增强了我们使用各种单片机进行产品开发的能力。

3．表达能力强

C 语言具有丰富的数据结构类型，可以根据需要采用整型、实型、字符型、数组类型、指针类型、结构类型、联合类型、枚举类型等多种数据类型来实现各种复杂数据结构的运算。C 语言还具有多种运算符，灵活使用各种运算符可以实现其他高级语言难以实现的运算。

4．表达方式灵活

利用 C 语言提供的多种运算符，可以组成各种表达式，还可采用多种方法来获得表达式的值，从而使用户在程序设计中具有更大的灵活性。C 语言的语法规则不太严格，程序设计的自由度比较大，程序的书写格式自由灵活。程序主要用小写字母来编写，而小写字母是比较容易阅读的，这些充分体现了 C 语言灵活、方便和实用的特点。

5．可进行结构化程序设计

C 语言是以函数作为程序设计的基本单位的，C 语言程序中的函数相当于汇编语言中的子程序。C 语言对于输入和输出的处理也是通过函数调用来实现的。各种 C 语言编译器都会提供一个函数库，其中包含许多标准函数，如各种数学函数、标准输入输出函数等。此外，C 语言还具有自定义函数的功能，用户可以根据自己的需要编制满足某种特殊需要的自定义函数。实际上，C 语言程序就是由许多个函数组成的，一个函数即相当于一个程序模块，因此 C 语言可以很容易地进行结构化程序设计。

6．可以直接操作计算机硬件

C 语言具有直接访问单片机物理地址的能力，可以直接访问片内或片外存储器，还可以进行各种位操作。

7．生成的目标代码质量高

众所周知，汇编语言程序目标代码的效率是最高的，这就是为什么汇编语言仍是编写计算机系统软件的重要工具的原因。但是统计表明，对于同一个问题，用 C 语言编写的程序生成代码的效率仅比用汇编语言编写的程序低 10%～20%。

尽管 C 语言具有很多的优点，但和其他任何一种程序设计语言一样，它也有其自身的缺点，如不能自动检查数组的边界，各种运算符的优先级别太多，某些运算符具有多种用途等。但总体来说，C 语言的优点远远超过了它的缺点。待学完 C 语言后再回顾一下，就会有比较深的体会。

1.3　C 语言程序的结构

知识讲解

用 C 语言编写的源程序简称 C 程序。C 程序是一种函数结构，一般由一个或若干个函数组成,其中必有一个名为 main 的函数,称为主函数,所有的 C 程序都是从 main 函数开始执行,并且以 main 结束的。

下面介绍几个简单的 C 语言程序,来理解 C 语言的结构。

案例分析

例 1.1 要求在屏幕上输出以下信息。

扫一扫看
本例题源
程序代码

```
Hello,world!
```

程序代码:

```c
/*
    这是我们的第一个 C 语言程序,
    它的功能是输出一个字符串"Hello,world!"
*/
#include <stdio.h>                //编译预处理指令
int main()                       //定义主函数
{                                //函数开始标记
  printf("Hello,world!\n");      //输出指定的一行信息
  return 0;                      //函数执行完毕时返回函数值 0
}                                //函数结束标记
```

运行结果:

```
Hello,world!
```

程序注解:

① 本程序的功能是在屏幕上显示一行字符串——"Hello,world!"。

② #include 是编译预处理命令,放在源程序的最前面,用于引入系统库函数。

③ main 是函数的名称,表示"主函数",这是 C 程序执行的入口,main 前面的 int 表示此函数的类型是 int 类型(整型)。在执行主函数后会得到一个函数值,其值为整型。

④ 大括号对 "{" 和 "}" 是函数体的界定符,大括号中的内容称为函数体,每个函数的函数体都必须用大括号括起来。

⑤ printf("Hello,world!\n");是一个输出语句,用于将双引号中的内容输出。printf()为 C 语言的标准输出函数。"\n" 是 C 语言的一个转义字符,功能是输出一个换行符。

⑥ 每个语句后面都有一个分号 ";",这是 C 语言语句结束的标记。

⑦ return 0;的作用是当 main 函数执行结束前将整数 0 作为函数值,返回到调用函数处。

⑧ 程序开始用 "/*" 和 "*/" 包围的部分以及每行后面用 "//" 开始的内容是注释语句,用于对程序代码进行必要的说明,便于其他人阅读程序,在程序编译运行时,这些内容是不起作用的。

编程练习

扫一扫看本
练习题源程
序代码

练习 1.1 在屏幕上输出以下信息。

```
****************************
This is my first C program.
****************************
```

知识延伸

一个好的、有使用价值的 C 程序应当加上必要的注释，以增加程序的可读性。C 语言中允许有以下两种注释方式。

① 以//开始的单行注释。此种注释的范围从//开始，以换行符结束。单行注释不能跨行，如果注释内容一行内写不下，则可以用多个单行注释。单行注释可以单独占一行，也可以出现在一行中其他内容的右侧。

② 以/*开始、以*/结束的块式注释。这种注释可以包含多行内容。它可以单独占一行，也可以包含多行。编译系统在发现一个/*后，会开始找注释结束符*/，把二者间的内容作为注释。

案例分析

例1.2 求两个整数之和。
程序代码：

```
#include <stdio.h>                  //编译预处理指令
int main()                          //定义主函数
{                                   //函数开始
    int num1,num2,sum;              //定义三个整型变量
    num1=12;                        //给整型变量 num1 赋值
    num2=34;                        //给整型变量 num2 赋值
    sum=num1+num2;                  //将两个整型变量 num1 和 num2 的和赋值给 sum
    printf("sum is %d.\n",sum);     //输出结果
    return 0;                       //使函数返回值为 0
}                                   //函数结束
```

扫一扫看
本例题源
程序代码

运行结果：

```
sum is 46.
```

程序注解：

① 本程序的作用是求两个整数的和，并将结果输出。

② int num1,num2,sum;是变量说明语句，定义 num1、num2 和 sum 为整型（int）变量。C 程序的变量在使用前必须先进行说明。

③ num1=12;是一个赋值语句，用于将常量 12 赋值给变量 num1。可以将常量赋值给变量，也可以将变量赋值给变量，如 sum=num1+num2;就是将变量 num1 和 num2 的和值赋给变量 sum。

④ printf("sum is %d.\n",sum);用于格式化输出变量 sum 的值，第 2 章将详细介绍 printf 输出语句的格式。其中，%d 称为格式控制符，此处表示用"十进制整数"形式输出变量

sum 的值。

⑤ C 程序的书写格式自由，一行内可以写一条或多条语句，一条语句也可以写在多行上，但每条语句必须以一个分号结尾。

📋 编程练习

扫一扫看本练习题源程序代码

练习 1.2　编写一个 C 语言程序，求两个整数的乘积。

🗐 知识延伸

通过例 1.1、例 1.2，可以归纳出 C 程序的一般形式如下：

```
预处理指令序列
int main()
{
    变量定义语句序列
    执行语句序列
}
```

相关介绍如下。

① 预处理指令序列：用于书写编译预处理指令，放在源程序的最前面，不加分号。

② 变量定义语句序列：用于说明程序中用到的各种变量，C 程序的变量遵循"先说明，后使用"的原则。

③ 执行语句序列：程序的执行部分，由若干语句组成，完成对数据的运算等各种功能。

在 C 程序中，预处理指令、变量定义语句、执行语句这三部分内容的先后顺序不可调换，程序在执行时也按照这个顺序依次执行。

1.4　C 语言程序的上机步骤

1.4.1　C 语言程序的执行步骤

用 C 语言编写的程序，称为源程序。但是计算机不能直接识别和执行用 C 语言这样的高级语言编写的指令，必须要用编译程序（也称编译器）把 C 源程序翻译成二进制形式的目标程序，再将该目标程序与系统的函数库以及其他目标程序连接起来，形成可执行的目标程序。

一个 C 语言源程序编写好后到最终编译和运行程序，一般要经过以下四个步骤。

1. 编辑源程序

编辑是指在文本编辑工具软件中输入和修改 C 语言源程序，最后此源程序以文件形式存放在自己指定的文件夹内，文件用.c 作为扩展名，生成源程序文件。

2. 编译源程序，生成目标程序

编译的作用首先是对源程序进行检查，判定它有无语法错误，待无语法错误后，编译程序自动把源程序转换为二进制形式的目标程序，生成的目标程序的扩展名为.obj。目标程

序一般也存放在用户指定的目录下。

3. 对目标程序进行连接处理

一个程序可能包含若干个源程序文件，而编译是以源程序文件为对象的，一次编译只能得到与一个源程序文件相对应的目标文件，它只是整个程序的一部分。因此，经过编译所得到的二进制目标程序还不能供计算机直接使用，必须把所有的编译后的目标模块连接装配起来，再与函数库相连接成一个整体，生成一个可供计算机执行的目标程序，称为可执行程序，其扩展名为.exe。连接的工作是由一个称为"连接编辑程序"的软件来实现的。

4. 运行可执行程序，得到运行结果

通过前面的编辑、编译、连接，最终运行可执行程序，得到结果。但是一个程序从编写到运行成功，并不是一次成功的，往往要经过多次反复。编写好的程序并不一定能保证正确无误，需要通过人工检查或者借助编译系统来检查有无语法错误。有时编译过程没有发现错误，能生成可执行程序，但是运行结果却不正确，这可能是程序逻辑方面的错误，需要通过分析找到逻辑错误，并修改源程序，重新进行编译和连接，直到能得到预期的正确结果。

以上过程可以通过图 1-1 来表示，其中，实线表示操作流程，虚线表示文件的输入和输出，此图以一个名为 fun.c 的 C 源程序为例来表示其编辑、编译、连接、运行的全过程。

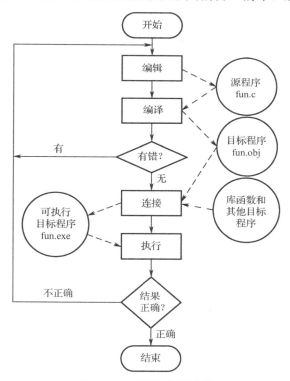

图 1-1 C 程序执行流程图

1.4.2 编译环境的准备

为了编译、连接和运行 C 程序，必须要有相应的编译系统。目前使用的很多 C 编译系

统都是集成环境（IDE）的，把程序的编辑、编译、连接和运行等操作全部集中到一个界面上进行，功能丰富，使用方便，直观易用。写出程序后可以用任何一种编译系统对程序进行编译和连接，只要用户感到方便、有效即可。常用的源程序编译开发工具包括 Turbo C、Visual C++、C-Free 等。

这里，以 C-Free 5.0 编译系统为例，介绍如何实现 C 程序的编辑、编译、连接和运行等操作。

1.4.3　C-Free 5.0 编译环境的使用

C-Free 是一款 C/C++集成开发环境，目前有两个版本——收费的 C-Free 5.0 专业版和免费的 C-Free 4.0 标准版。C-Free 中集成了 C/C++代码解析器，能够实时解析代码，并且在编写的过程中会给出智能的提示。C-Free 提供了对目前业界主流 C/C++编译器的支持，可以在 C-Free 中轻松切换编译器，可定制快捷键、外部工具及外部帮助文档，在编写代码时得心应手，完善的工程/工程组管理能够方便地管理代码。

1. 启动 C-Free 5.0 系统

在 Windows 操作系统中选择"开始|C-Free 5.0"命令，进入集成开发环境。其启动界面如图 1-2 所示。

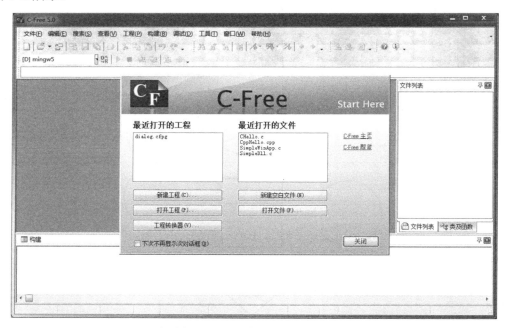

图 1-2　C-Free 5.0 的启动界面

2. 编辑源程序

选择"文件|新建"命令（或者按快捷键 Ctrl+N），或者在图 1-2 中的默认启动对话框中单击"新建空白文件"按钮，系统将自动创建一个默认名称为"未命名 1.cpp"的文件，扩展名.cpp 表明其是 C++文件，因为 C-Free 是一款 C/C++集成开发环境，可以通过选择"文件|保存"命令（或按快捷键 Ctrl+S），在图 1-3 所示的保存对话框中，将文件保存类型选择

为"C 语言文件(*.c)",从而将其保存为扩展名为.c 的 C 程序文件。

图 1-3　保存文件对话框

保存文件后,回到编辑界面,在中间的代码编辑区域将例 1.1 的代码写入其中,效果如图 1-4 所示。

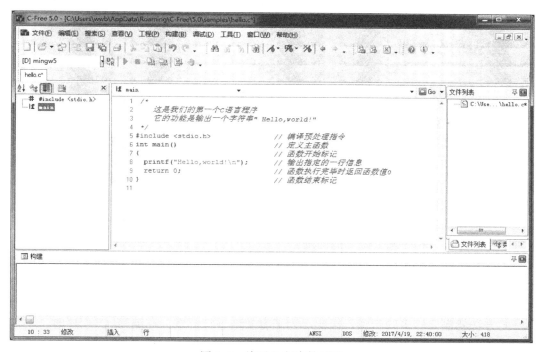

图 1-4　编写 C 程序的界面

3. 编译并连接

在人工检查没有语法等错误之后,就可以进行编译和连接操作。选择"构建|运行"命

令（或按快捷键 F5），也可以在工具栏中直接单击 ▶ 按钮，进行编译、连接并生成可执行文件。C-Free 5.0 系统下方会显示编译、连接的过程，最后生成可执行文件，如图 1-5 所示。

图 1-5　编译连接过程

4．运行可执行程序

如果程序不存在语法等错误，则最终将显示如图 1-6 所示的运行结果。在显示出来的运行结果中，第 1 行是程序输出的信息，第 2 行是系统自动添加的提示信息。

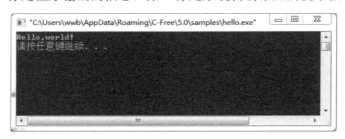

图 1-6　程序运行结果

1.5　程序算法基础

1.5.1　什么是算法

算法是一个计算的具体步骤，常用于计算、数据处理和自动推理。

做任何事情都有一定的步骤，这些步骤都是按照一定的顺序进行的，缺一不可，次序错了也不行。例如，烧水时必须要先有烧水的容器，如水壶，再往水壶里装水，然后根据不同的水壶用电或火开始烧水，等待水开，水开后才能饮水。这些步骤都有先后顺序。在日常生活中，类似烧水这样的事情，人们都是按照一定的规律进行操作的，这就是算法在日常生活中的体现。广义地讲，为解决一个问题而采取的方法和步骤就称为"算法"。算法用于解决"做什么"和"怎么做"的问题。

不了解算法就谈不上程序设计，编写 C 语言程序也需要算法，C 程序中的操作语句实际上就是算法的体现。用 C 语言编程时，同一个问题可以有不同的方法和步骤，一般来说，编程时希望采用方法简单、运算步骤少的方法。因为好的方法只需进行很少的步骤，而不好的方法就需要较多的步骤，因此，为了有效地进行解题，在编写 C 程序时，不仅需要保证算法正确，还要考虑算法的质量，选择合适的算法。

1.5.2　算法的特性

先来分析一个利用不同方法进行编程的例子。

例 1.3　计算 1+2+3+4+5+6+7+8+9+10 的和。

扫一扫看
本例题源
程序代码

解题思路 1：

① 计算 1+2 的值，得到结果 3。

② 将①所得结果与 3 累加，得到结果 6。

③ 将②所得结果与 4 累加，得到结果 10。

④ 照此方法依次累加，最后得到结果 55。

该解题思路虽然也可以将本题正确解答，但是比较烦琐。如果将累加的值扩大，如 1+2+3+…+100，则该方法将会有相当多的操作步骤，基本上不可行。那么有其他的方法吗？当然有。下面用循环结构来解决这个问题。假设 sum 为存放结果的变量，设定其初值为 0，i 为加数。

解题思路 2：

① 使 i=1，sum=0。

② 将 i 的值和 sum 相加，和仍存放在 sum 中，即 sum+i ⇒sum。

③ 使 i 的值加 1。

④ 如果 i 的值不大于 10，则返回重新执行步骤②及其后的步骤③和步骤④；否则，算法结束。

⑤ 最后得到的 sum 值就是本题的结果。

这个方法比之前的方法简单，而且这个方法对于计算 1+2+3+…+100 的问题也同样适用，只是在循环次数上增加即可，对于目前高速运算的计算机而言，进行循环计算是非常简单的事情。那么，对于这个问题，还有其他算法吗？下面介绍另一种方法。

解题思路 3：

① 定义整型变量 sum。

② 利用求等差数列公式将结果直接赋值给 sum：((1+10)*10)/2 ⇒sum。

两个步骤就解决了此题，比之前的两种解题思路更加便捷，而对于 1+2+3+…+100 的计算，此方法同样适用。

从此题的解题过程可以看出，遇到一个具体的问题时，有很多种方法可以解决，通过分析问题，寻找到一种解决这个问题的合适方法，这种方法的具体化就是算法。虽然只要能解决问题，都是正确的算法，但是算法有优劣之分，在解决具体问题时，必须要尽量找到一种最有效的方式来解决这个问题，也就是找到最优的方法，这需要对问题进行细致思考，也需要学习一些前人已经总结出来的常用的优秀算法，站在巨人的肩膀上，才能看得更远。

一个算法应该具有以下 5 个重要的特征。

1. 有穷性

算法的有穷性是指算法必须能在执行有限个步骤之后终止。

2. 确定性

算法的每一个步骤必须有确切的定义。

3. 有效性

算法中执行的任何计算步骤都可以被分解为基本的可执行的操作步，即每个计算步骤都可以在有限的时间内完成。

4. 输入项

一个算法有 0 个或多个输入，以刻画运算对象的初始情况，所谓 0 个输入是指算法本身定义了初始条件。

5. 输出项

一个算法有一个或多个输出，以反映对输入数据加工后的结果。没有输出的算法是毫无意义的。

1.5.3 怎样表示算法

可以用不同的方法来表示一个算法，常用的方法有：自然语言、传统流程图、结构化流程图、伪代码和计算机语言等。

1. 用自然语言表示算法

自然语言就是人们日常使用的语言，可以是汉语、英语或其他语言。用自然语言表示算法通俗易懂，但一般文字冗长，而且容易出现歧义。自然语言表示的含义往往不太严格，要根据上下文才能判断其正确含义。另外，用自然语言来描述包含分支或者循环的算法不太方便。因此，除了那些简单的问题外，一般不用自然语言来表示算法。

2. 用流程图表示算法

流程图是用一些图框来表示各种操作的方法。用图形表示算法，直观形象，易于理解。美国国家标准化协会规定了一些常用的流程图符号及含义，如表 1-1 所示，已被世界各国程序工作者普遍采用。

表 1-1 常用的流程图符号及含义

符　　号	符 号 名 称	含　　义
	起止框	表示算法的开始和结束
	输入/输出框	表示输入/输出操作
	处理框	表示对框内的内容进行处理
	判断框	表示对框内的条件进行判断
→或↓	流程线	表示流程的方向
	连接点	通常用于换页处，表示两个具有同一标记的"连接点"应连接成一个点
	预先定义的进程	表示预先定义的函数、子例程等

连接点是用于将画在不同地方的流程线连接起来的。如图 1-7 所示，其中有两个以①为标志的连接点，它表示这两个点是相互连接在一起的，实际上它们是同一个点，只是画不下才分开了。用连接点可以避免流程线交叉或过长，使流程图更加清晰。

下面将例 1.3 的三种情况用流程图分别表示出来，如图 1-8～图 1-10 所示。

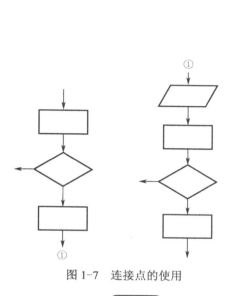

图 1-7　连接点的使用

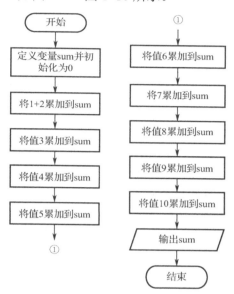

图 1-8　例 1.3 算法 1 流程图

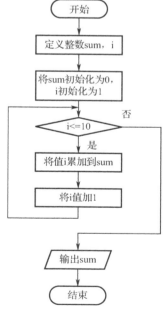

图 1-9　例 1.3 算法 2 流程图

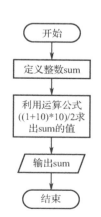

图 1-10　例 1.3 算法 3 流程图

用流程图表示算法直观形象，比较清楚地显示了各个框之间的逻辑关系，便于理解，是一种较好的算法描述方法。但是，这种流程图占用篇幅较多，尤其当算法比较复杂时，画流程图既费时又不方便。这种流程图用流程线指出各框的执行顺序，对流程线的使用没有严格限制。因此，使用者可以不受限制地使流程随意地转来转去，使流程图变得毫无规律，阅读时要花很大精力去追踪流程，使人难以理解算法的逻辑。为了提高算法的质量，使算法的设计和阅读方便，1966 年，Bohra 和 Jacopini 提出了顺序、选择和循环三种基本结构，由这些基本结构按照一定规律组成一个算法结构，从而使算法的质量得到了保证和提高。

1）顺序结构

如图 1-11 所示，虚线框内是一个顺序结构。其中，A 和 B 两个框是顺序执行的，即在执行完 A 框所指定的操作后，必然接着执行 B 框所指定的操作。顺序结构是一种最简单的基本结构。

2）选择结构

图 1-12 所示虚线框内是一个选择结构，选择结构又称分支结构或选取结构。选择结构必须包含一个判断框，在判断框中设定一个条件 p，根据该条件 p 是否成立来选择执行 A 框或 B 框的内容。但是 A 框和 B 框只能执行其中之一，而且不管走哪一条路径，在执行完 A 或 B 之后，都经过 b 点，然后结束本选择结构。A 或 B 中可以有一个是空的，即不执行任何操作，如图 1-13 所示。

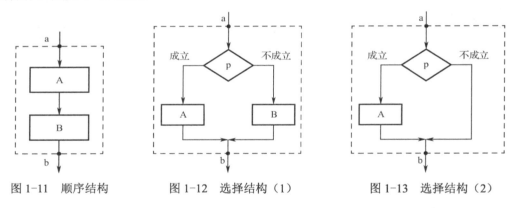

图 1-11　顺序结构　　　　图 1-12　选择结构（1）　　　　图 1-13　选择结构（2）

3）循环结构

循环结构又称重复结构，即反复执行某一部分的操作。C 程序中有两类循环结构。

当型（while 型）循环结构。当型循环结构如图 1-14 所示。其执行流程如下：当给定条件 p 成立时，执行 A 框操作，执行完 A 后，再判断条件 p 是否成立，如果仍然成立，再执行 A 框，如此反复执行 A 框，直到某一次 p 条件不成立为止，此时不再执行 A 框，而从 b 点脱离循环结构。

直到型（until 型）循环结构。直到型循环结构如图 1-15 所示。其执行流程如下：先执行 A 框，然后判断给定的 p 条件是否成立，如果 p 条件成立，则执行 A，再对 p 条件做判断，如果 p 条件仍然成立，又执行 A，如此反复执行 A，直到给定的 p 条件不成立为止，此时不再执行 A，而从 b 点脱离本循环结构。

3. 用 N-S 结构图描述

针对传统流程图存在的一些不足，1973 年，美国学者 I. Nassi 和 B. Shneiderman 提出了

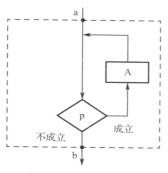

图 1-14　当型循环结构

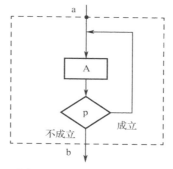

图 1-15　直到型循环结构

一种新的流程图形式——N-S 流程图。在这种流程图中，全部算法写在一个矩形框内，在该框内还可以保护其他从属于它的框。N-S 流程图适用于结构化程序设计。

N-S 流程图表示的三种基本结构如下。

（1）顺序结构。顺序结构可用图 1-16 所示形式表示。A 和 B 两个框形成一个顺序结构。

（2）选择结构。选择结构用图 1-17 所示形式表示。当 p 条件成立时执行 A 操作，p 不成立时执行 B 操作。该结构是一个整体，代表一个基本结构。

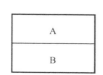

图 1-16　N-S 顺序结构

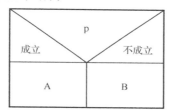

图 1-17　N-S 选择结构

（3）循环结构。当型循环结构用图 1-18（a）表示，当 p 条件成立时反复执行 A 操作，直到 p 条件不成立为止。直到型循环结构用图 1-18（b）表示，反复执行 A，直到 p 条件不成立为止。

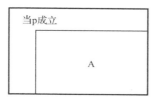

（a）N-S 当型循环结构

（b）N-S 直到型循环结构

图 1-18　N-S 循环结构

用 N-S 流程图表示算法比文字描述直观、形象、易于理解，比传统流程图紧凑易画，尤其是它废除了流程线，整个算法结构更加简洁。

用 N-S 流程图表示的算法都是结构化的算法。N-S 流程图如同一个多层的盒子，因此又称盒图。

4．用伪代码表示算法

伪代码是用介于自然语言和计算机语言之间的文字和符号来描述算法的一种工具。用伪代码描述算法时，不使用图形符号。因此书写方便、格式紧凑、便于修改、容易看懂。用伪代码写算法并无固定的、严格的语法规则，可以用英文，也可以用中英文混用。只要把算法意思表达清楚，便于书写和阅读即可，书写时要清晰易懂，以便于向计算机语言算法过渡。

例 1.3 用伪代码表示如下。

```
begin   (算法开始)
    1=>i
    0=>sum
    while i≤10
    {
      i+sum=>
      i+1=>i;
    }
    print sum
end    (算法结束)
```

上面介绍了几种目前常用的算法表示方法，在程序设计中大家可以根据需要和习惯选用。

5. 用计算机语言表示算法

设计算法的目的是实现算法，因此，不仅要考虑如何设计一个算法，还要考虑如何实现一个算法。实现算法的方式可能不止一种，我们考虑的是要用计算机解题，也就是要用计算机实现算法，而计算机是无法识别流程图和伪代码的，只有用计算机语言编写的程序才能被计算机执行。用计算机语言表示的算法是计算机能够执行的算法。

用计算机语言表示算法必须严格遵循所用的语言和语法规则，这是和伪代码不同的。

将用伪代码表示的例 1.3 的算法用 C 语言表示如下。

```
#include<stdio.h>
void main()
{
 int i=1,sum=0;
 while(i<=10)
   {
     sum=sum+i;
     i++;
   }
 printf("sum=%d\n",sum);
}
```

1.5.4 程序设计的步骤

程序设计就是针对给定问题进行设计、编写和调试计算机程序的过程。程序设计的一般步骤如下。

（1）问题分析。根据给定的任务对其进行认真分析，研究任务所给定的各个条件，分析最后应达到的目标，找出解决问题的规律，选择解题的方法。在分析的基础上，将实际问题抽象化，建立相应的数学模型。

（2）设计算法。根据建立的数学模型，设计出解题的方法和具体步骤。解题步骤一般可以用流程图来表示。

（3）编写程序。根据得到的算法，为算法选择合适的高级语言编写出源程序。

（4）调试运行程序。对源程序进行编辑、编译和连接，得到可执行程序。

（5）运行程序，分析结果。运行可执行程序，得到运行结果。这里要特别注意，能得到运行结果并不意味着程序正确，要对结果进行分析，看它是否合理。此外，不要只看到某一次结果是正确的，就认为程序没有问题，而要对程序进行测试，即设计多组测试数据，检查程序对不同数据的运行情况，从而尽量发现程序中存在的漏洞，并修改程序，使之适用于各种情况。

（6）编写程序文档。程序是供别人使用的，正式提供给用户使用的程序，必须向用户提供程序说明书，即用户文档。其内容包括程序名称、程序功能、运行环境、程序的装入和启动、需要输入的数据，以及使用注意事项等。程序文档是软件的一个重要组成部分。

1.5.5　结构化程序设计方法

一个结构化程序就是用计算机语言表示的结构化算法，用顺序、选择和循环三种基本结构组成的程序必然是结构化程序。结构化程序的特点如下：便于编写、阅读、修改和维护，能减少程序出错的机会，提高程序的可靠性，保证程序的质量。

顺序、选择和循环三种基本结构有以下共同特点。

（1）只有一个入口。

（2）只有一个出口。

（3）结构内的每一部分都有机会被执行到。

（4）结构内部不存在死循环（即无终止的循环）。

结构化程序设计方法的基本思路：把一个复杂问题的求解分阶段，每个阶段处理的问题都控制在人们容易理解和处理的范围内。

具体地说，可采取以下方法来保证得到结构化的程序。

（1）自顶向下。

（2）逐步细化。

（3）模块化设计。

（4）结构化编码。

本章小结

C 语言是当前学习人数最多的计算机语言之一，因其具有许多显著的优点而得到大家的喜爱和使用。C 语言代码有其自己的结构，编写 C 语言程序要遵循这一结构。C 程序代码的编辑、编译、连接、运行等工作都可以借助集成化工具来完成。解决一个实际编程问题时，要设计一个好的算法，可以用多种方式来描述算法，但是算法最终需要用计算机语言来实现。

习题 1

扫一扫看
本习题参
考答案

一、选择题

1. 一个 C 程序的执行从（　　　）。

    A．本程序的 main 函数开始，到 main 函数结束

    B．本程序文件的第一个函数开始，到本程序文件的最后一个函数结束

    C．本程序的 main 函数开始，到本程序文件的最后一个函数结束

    D．本程序文件的第一个函数开始，到本程序 main 函数结束

2. 以下叙述不正确的是（　　　）。

    A．一个 C 源程序可以由一个或多个函数组成

    B．一个 C 源程序必须包含一个 main 函数

    C．C 程序的基本组成单位是函数

    D．在 C 程序中，注释说明只能位于一条语句的后面

3. C 语言规定，在一个源程序中，main 函数（　　　）。

    A．必须在最开始

    B．必须在系统调用的库函数的后面

    C．可以在任意位置

    D．必须在最后

4. 一个 C 语言程序由（　　　）。

    A．一个主程序和若干子程序组成　　　　B．函数组成

    C．若干过程组成　　　　　　　　　　　D．若干子程序组成

5. 以下用于对 C 语言进行多行注释的符号是（　　　）。

    A．//　　　　　　　B．/*　　*/　　　　C．<!--　　-->　　　D．#

6. 在下面的函数中，用于输出操作的库函数是（　　　）。

    A．printf()函数　　B．scanf()函数　　　C．sqrt()函数　　　D．pow()函数

二、简答和编程题

1. 简述编辑、编译、连接、运行一个 C 语言程序的步骤。

2. 上机运行本章的案例，熟悉集成开发环境。

3. 编写一个 C 程序，输出以下信息。

```
* * * * * * * * * * * * * * * * * * * *
Very Good!
* * * * * * * * * * * * * * * * * * * *
```

扫一扫看
本题源程
序代码

4. 简述程序设计的一般步骤。

第2章

顺序结构程序设计

知识目标

- 熟悉 C 语言的数据类型
- 认知标识符、常量与变量
- 熟悉数据输入、输出处理方法
- 认识各类运算符与表达式
- 了解顺序结构程序设计方法

能力目标

- 能够正确使用数据类型进行变量的定义
- 掌握定义标识符、变量和常量的方法
- 掌握输入输出函数的使用
- 能够熟练使用各种运算符进行操作
- 能够使用顺序结构进行程序设计

2.1 标识符和关键字

1. 标识符

C 语言标识符是用来标识变量、函数，或任何其他用户自定义项目的名称。标识符由字母、数字和下画线组成；一个标识符可以以字母（A～Z 或 a～z）或下画线开始，后跟零个或多个字母、下画线和数字（0～9）；数字不能作为标识符的开始字符。C 语言标识符内不允许出现标点字符，如@、$和%等符号。C 语言是区分字母大小写的编程语言。因此，在 C 语言中，Manpower 和 manpower 是两个不同的标识符。

以下是有效的标识符：

Mohd，abc，move_name，a_123，myname50，_temp，j，a23b9，retVal

以下是无效的标识符：

9ab，a-b，W.D.John，￥123，#78,2D89，A<B

2. 关键字

由系统预先定义的标识符称为"关键字"（又称为保留字），它们都有特殊的含义，这些关键字不能作为用户自定义的常量名、变量名或其他标识符的名称。

C 语言关键字有 32 个，如表 2-1 所示。

表 2-1　C 语言的关键字

auto	double	int	struct	break	else	long	switch
case	enum	register	typedef	char	extern	return	union
const	float	short	unsigned	continue	for	signed	void
default	goto	sizeof	volatile	do	if	while	static

2.2 数据类型及常量、变量

扫一扫看 C 语言数据类型、整型数据课教案设计

2.2.1 数据类型

顾名思义，数据类型是用来说明数据的类型，以确定数据的解释方式，使计算机和程序员不会产生歧义。在 C 语言中，数据类型指的是用于说明不同类型的变量或函数的一个广泛的系统。变量的数据类型决定了变量在内存中存储所占用的空间。

C 语言中的数据类型如图 2-1 所示。

本章节主要介绍 C 语言的基本数据类型。C 语言的基本数据类型包括整型、字符型、实数型。其他几种类型会在后续章节中讲解。

📖 知识延伸

C 语言提供的多种数据类型使程序更加灵活和高效，也增加了学习成本。而有些编程语言，如 PHP、JavaScript 等，在定义变量时不需要指明数据类型，编译器会根据赋值情况自

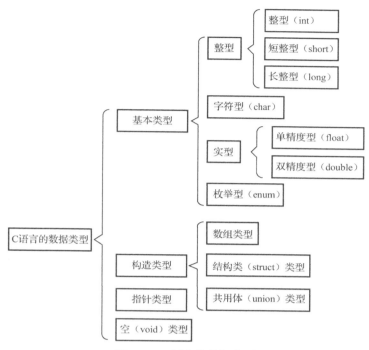

图 2-1　C 语言的数据类型

动推演出数据类型,更加智能。除了 C 语言之外,Java、C++、C#等在定义变量时也必须指明数据类型,这样的编程语言称为强类型语言。而 PHP、JavaScript 等编程语言称为弱类型语言。强类型语言的变量一旦确定了数据类型,就不能再赋其他类型的数据,除非对数据类型进行转换;弱类型语言没有这种限制。

1. 整型

关于整型数据的存储大小和值范围见表 2-2。

表 2-2　整型数据的存储大小和值范围

类　　型	存 储 大 小	值　范　围
int	2 或 4 字节	−32 768～32 767 或−2 147 483 648～2 147 483 647
unsigned int	2 或 4 字节	0～65 535 或 0～4 294 967 295
short	2 字节	−32 768～32 767
unsigned short	2 字节	0～65 535
long	4 字节	−2 147 483 648～2 147 483 647
unsigned long	4 字节	0～4 294 967 295

2. 字符型

关于字符型数据的存储大小和值范围见表 2-3。

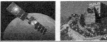

表 2-3　字符型数据的存储大小和值范围

类　型	存储大小	值　范　围
char	1 字节	−128～127 或 0～255
unsigned char	1 字节	0～255
signed char	1 字节	−128～127

3.　实型

关于标准实型数据（又称为浮点类型）的存储大小、值范围和精度见表 2-4。

表 2-4　实型数据的存储大小和值范围

类　　型	存储大小	值　范　围	精　　度
float	4 字节	1.2E-38～3.4E+38	6 位小数
double	8 字节	2.3E-308～1.7E+308	15 位小数
long double	16 字节	3.4E-4932～1.1E+4932	19 位小数

2.2.2　常量

常量是固定值，在程序执行期间不会改变。常量可以是任意的基本数据类型，如整型常量、浮点常量、字符常量等。常量就像是常规的变量，只不过常量的值在定义后不能再进行修改。

1.　整型常量

整型常量可以是十进制、八进制或十六进制的常量。可以通过前缀指定其类型：0x 或 0X 表示十六进制，0 表示八进制，不带前缀则默认表示十进制。整型常量也可以带一个后缀，后缀是 U 和 L 的组合，U 表示无符号整数（unsigned），L 表示长整数（long）。后缀可以是大写，也可以是小写，U 和 L 的顺序任意。

下面列举了几个整型常量的实例。

```
212             /* 合法的 */
215u            /* 合法的 */
0xFeeL          /* 合法的 */
078             /* 非法的：8 不是八进制的数字 */
032UU           /* 非法的：不能重复后缀 */
85              /* 十进制 */
0213            /* 八进制 */
0x4b            /* 十六进制 */
301             /* 长整数 */
50ul            /* 无符号长整数 */
```

2.　实型常量

实型常量由整数部分、小数点、小数部分和指数部分组成。可以使用小数形式或者指

数形式来表示实型常量。当使用小数形式表示时，必须包含整数部分、小数部分，或同时包含两者。当使用指数形式表示时，必须包含小数点、指数，或同时包含两者。带符号的指数是用 e 或 E 引入的。

下面列举了几个实型常量的实例。

```
3.14159           /* 合法的 */
314159E-5L        /* 合法的 */
510E              /* 非法的：不完整的指数 */
.e55              /* 非法的：缺少整数或小数 */
```

3. 字符常量

字符常量通常括在单引号中，例如，'x'可以存储在 char 类型的简单变量中。字符常量可以是一个普通的字符（如'x'）、一个转义序列（如'\t'）或一个通用的字符（如'\u02C0'）。

在 C 语言中，有一些特定的字符，当它们前面有反斜杠时，其具有特殊的含义，如换行符（\n）或制表符（\t）等。表 2-5 列出了一些转义字符。

表 2-5　转义字符

转义序列	含　义
\\	反斜杠字符（\）
\'	单引号字符（'）
\"	双引号字符（"）
\b	退格键，将光标退回到前一列的位置
\f	换页符，将光标从当前位置移到下一页的开头
\n	换行符，将光标从当前位置移到下一行的开头
\r	回车，将光标从当前位置移到本行的开头
\t	将光标移到下一个位置的水平制表符
\ddd	1～3 位的八进制数代表一个字符
\xhh	1 或 2 位十六进制数代表一个字符

4. 符号常量

在 C 语言中，可以对常量进行命名，即用一个自己定义的符号来表示一个常量值，其称为符号常量。

🗐 **知识讲解**

定义符号常量的一般形式如下：

```
#define 符号常量名 符号常量值
```

⬜ **案例分析**

例 2.1　圆面积的计算公式为 $area = \pi * r^2$。已知一个圆的半径 $r=3$，求这个圆的面积 area，其中，π 值取 3.14。

程序代码：

```
#include<stdio.h>
#define PI 3.14                          //定义符号常量 PI，其代表常量值 3.14
void main( )
{
    int r=3;
    float area;
    area=PI*r*r;                         //使用符号常量值 PI，用值 3.14 代入计算
    printf("该圆的面积为：%f\n",area);
}
```

运行结果：

该圆的面积为：28.260000

扫一扫看
本例题源
程序代码

程序注解：

① 符号常量的定义在 main()函数前完成。

② 这里定义的符号常量 PI，其代表常量值 3.14。在程序代码中，如果要使用 3.14 这个值，则可以用符号常量 PI 代替。

③ %f 是格式说明符，表示此处输出一个浮点数。

④ 符号常量的名称一般使用大写字母表示。

编程练习

练习 2.1　已知圆的周长计算公式为 girth=2*π*r，某圆的半径 r 为 6，求其周长 girth，π值取 3.1415。

扫一扫看本
练习题源程
序代码

2.2.3　变量

变量是指在程序执行过程中，其值可以改变的量。变量用标识符来表示，可以由字母、数字和下画线三类字符组成，但必须以字母或下画线开头。变量名中，英文大写字母和小写字母是不同的，因为 C 语言是大小写敏感的。C 语言中每个变量都有特定的数据类型，不同的数据类型决定了变量存储的大小和布局。变量必须先定义，后使用。

知识讲解

变量定义的一般格式如下：

　　　　数据类型　变量名 1，变量名 2，……变量名 n;

这里，数据类型必须是一个有效的 C 语言数据类型，如 char、int、float、double、bool 或任何用户自定义的对象，变量名可以由一个或多个标识符名称组成，多个标识符之间用逗号分隔。

下面列出了几个有效的变量说明。

```
int     num,count;          //定义了两个整型变量 num 和 count
char    ch;                 //定义了一个字符型变量 ch
float   salary,length;      //定义了两个单精度型变量 salary 和 length
double  summary;            //定义了一个双精度型变量 summary
```

变量可以在说明的时候被初始化（指定一个初始值）。初始化由一个赋值符号后跟一个常量表达式组成，如下所示：

```
int day = 3, month = 5;     //定义并初始化整型变量 day、month 的值为 3、5
char ch = 'x';              //定义并初始化字符型变量 ch 的值为'x'
```

案例分析

例 2.2　现有某个学生的学籍信息，包括整型变量学号、年龄，字符型变量性别，实型变量身高，请输出该学生的信息。

程序代码：

```c
#include<stdio.h>
void main( )
{
    int num=20161001,age=19;
    char sex='F';
    float height=1.67;
    printf("该学生的信息输出如下：\n");
    printf("num=%d,age=%d\n",num,age);
    printf("sex=%c\n",sex);
    printf("height=%f\n",height);
}
```

运行结果：

```
该学生的信息输出如下：
num=20161001,age=19
sex='F'
height=1.67
```

程序注解：

① 变量命名要注意变量的三要素：类型、名称和当前值。

② main 函数是 C 语言程序的入口，程序运行时从 main 函数的第一条语句开始执行，直至其最后一条语句执行完毕后结束程序。

③ printf()是 C 语言中格式化的输出函数，将在后续章节详细介绍。

编程练习

练习 2.2　请根据例 2.2 的形式，输出自己的相关信息：学号、年龄、性别、身高。

📋 知识延伸

① 标准 C 语言不限制变量名的长度，但它受各种版本的 C 语言编译系统的限制，也受到具体机器的限制。

② 在变量中，字母大小写是有区别的。例如，CLANG 和 Clang 是两个不同的变量。

③ 变量虽然可由程序员随意定义，但变量是用于标识某个量的符号。因此，命名应尽量有相应的意义，以便阅读理解，做到"顾名思义"。

2.3 数据的格式化输出和输入

C 语言没有提供输入和输出语句，数据的输入和输出是通过函数来实现的。在 C 语言的标准库函数中，提供了一些用于输出和输入的函数：printf()函数、scanf()函数、getchar()函数、putchar()函数。

2.3.1 格式化输出函数

📖 知识讲解

printf 函数称为格式输出函数，其功能是按照用户指定的格式，把指定的数据输出到屏幕上。

printf 函数的格式如下：

```
printf("格式控制字符串",输出表项);
```

其中，"格式控制字符串"用来说明输出表项中各输出项的输出格式；"输出表项"列出了要输出的项，各输出项之间用逗号分开。如果没有"输出表项"，则表示输出的是"格式字符串"本身。

"格式控制字符串"有两种：格式字符串和非格式字符串。非格式字符串在输出的时候原样打印；格式字符串是以"%"打头的字符串，在"%"后跟不同格式的字符，用来说明输出数据的类型、形式、长度、小数位数等。格式字符串的形式如下：% [输出最小宽度] [.精度] [长度] 类型。

例如，%d 格式符表示用十进制整型格式输出；%f 表示用实型格式输出；%5.2f 格式表示输出宽度为 5（包括小数点），并包含两位小数。

C 语言常用的格式字符及其含义见表 2-6。

表 2-6　C 语言的格式字符及其含义

格式字符	含　义
d，i	以十进制形式输出有符号整数（正数不输出符号）
o	以八进制形式输出无符号整数（不输出前缀 0）
x	以十六进制形式输出无符号整数（不输出前缀 0x）

续表

格式字符	含　义
U	以十进制形式输出无符号整数
f	以小数形式输出单、双精度实数
e	以指数形式输出单、双精度实数
c	输出单个字符
s	输出字符串

案例分析

例 2.3　在网上买图书时，每本书都标注了作者、价格、出版社、出版时间、页数等信息。现有《数据结构》一书的信息如下：作者为 Baron Schwartz，价格为 85.80 元，出版社为电子工业出版社，出版时间为 2013 年 4 月 1 日，页数为 764。请编程输出该书的信息。

程序代码：

```
#include<stdio.h>
void main( )
{
    int pages=764,year=2013,month=4,day=1;
    float price=85.80;
    printf("《数据结构》销售信息：\n");
    printf("作者: Baron Schwartz \n");
    printf("价格: %.2f\n",price);
    printf("出版社: 电子工业出版社\n");
    printf("出版时间: %d年%d月%d日\n", year,month,day);
    printf("页数: %d\n",pages);
}
```

扫一扫看
本例题源
程序代码

运行结果：

《数据结构》销售信息：

作者: Baron Schwartz

价格: 85.80

出版社: 电子工业出版社

出版时间: 2013 年 4 月 1 日

页数: 764

程序注解：

① printf 函数可以直接输出一个字符串，如 printf("作者: Baron Schwartz \n");语句，其中，\n 表示换行。

② 语句 printf("价格: %.2f\n",price);输出 "价格: 85.80"。其中，"价格: %.2f\n" 是格式控制部分，price 是输出列表。格式控制部分的%f 表示以十进制形式输出变量 price 的值，输出时，%f 的位置用变量 price 的值代入并输出，同时输出 2 位小数。

③ 语句 printf("出版时间: %d 年%d 月%d 日\n", year,month,day);将多个输出项放在一

条输出语句中并格式化输出。"出版时间：%d 年%d 月%d 日\n" 是格式控制部分，包含多个格式控制符%d，这些格式控制符和后面的输出列表变量一一对应，并且格式控制符的数量和输出列表变量的数量必须相同。

④ 整型格式输出控制符%d、字符型格式控制符%c、实型格式控制符%f 是日常编程中最常用的几种格式控制符，要熟练掌握。

例 2.4 字符型数据的特殊表示方法及各种输出格式。

程序代码：

```
#include<stdio.h>
void main( )
{
    char ch1='n';                        //定义字符变量 ch1
    char ch2='\x65',ch3='\167';          //以十六进制和八进制表示的字符
    printf("%c%c%c\n",ch1,ch2,ch3);      //输出三个字符变量值
    printf("%c\t%c\t%c\n",ch1,ch2,ch3);  //每个输出字符后跟一个制表符\t
    printf("%d %d %d\n",ch1,ch2,ch3);    //以十进制形式输出字符的 ASCII 码值
}
```

扫一扫看本例题源程序代码

运行结果：

```
new
n   e   w
110 101 119
```

程序注解：

① '\x65'是一个十六进制表示的字符，代表字符'e'；'\167'是八进制表示的字符，代表字符'w'。

② 语句 printf("%c\t%c\t%c\n",ch1,ch2,ch3);中的\t 是一个转义字符，表示制表符（Tab 键），在输出信息时起到分隔的作用。

③ 字符型数据可以用两种格式输出：一种是字符型（%c），另一种是整型（%d），以整型输出时，输出该字符对应的 ASCII 码值。

编程练习

练习 2.3　已知圆柱体的底面半径 r=10，高 h=3.5，利用公式计算圆柱体的体积和表面积。圆柱体的体积 volume 计算公式为$\pi r^2 h$，圆柱体的表面积 surface_area 计算公式为$2\pi r^2 + 2\pi r h$，其中，圆周率π值取 3.14。

扫一扫看本练习题源程序代码

2.3.2　格式化输入函数

知识讲解

scanf 函数称为格式输入函数，即按照格式字符串的格式，从键盘上把数据输入到指定的变量之中。

scanf 函数调用的一般形式如下：

scanf(" 格式控制字符串",输入项地址列表);

其中,格式控制字符串的作用与 printf 函数相同,但不能显示非格式字符串,即不能显示提示字符串;地址列表中的地址给出了各变量的地址,地址是由地址运算符"&"后跟变量名组成的,或者是字符串的首地址。

▭ **案例分析**

例 2.5　小明同学期末考试结束后拿到了自己的成绩单,请帮他计算一下总分和平均分。编写一个程序,输入小明的语文、数学、化学、物理成绩,计算其总分和平均分并输出。

程序代码:

```
#include<stdio.h>
void main( )
{
    //定义整型的四门课程成绩和总分变量
    int chinese,math, chemistry,physics,sum;
    float average;                          //定义实型的平均分变量
    printf("请依次输入语文、数学、化学、物理成绩：\n");
    //输入四门课程的成绩
    scanf("%d%d%d%d", &chinese,&math,&chemistry,&physics);
    sum= chinese+math+chemistry+physics;
    average=(float)sum/4;                   //对总分变量进行强制类型转换
    printf("sum=%d\n",sum);                 //输出四门课程的总分
    printf("average=%.2f\n",average);       //输出四门课程的平均分
}
```

运行结果:

```
请依次输入语文、数学、化学、物理成绩：
80 92 85 96✓ （回车）
sum=353
average=88.25
```

程序注解:

① scanf("%d%d%d%d", &chinese,&math,&chemistry,&physics);语句要求用户从键盘上输入 4 个整型数据,"%d%d%d%d"是格式控制部分,表示要输入的是十进制整型数据,&chinese,&math,&chemistry,&physics 是地址列表,表示输入的 4 个整数依次存入这 4 个变量。注意,每个变量前必须加上地址运算符"&"。

② 从键盘上输入数据时,对于整型、实型变量可以用空格、Tab 键或回车键作为多个输入值的分隔符。

③ average=(float)sum/4;语句表示在计算平均值 average 时,先用强制转换运算符()将总分变量 sum 强制转换成单精度浮点数,即括号中指定的数据类型。思考一下,为什么要这样做呢?强制类型转换运算符在本章后面会具体讲解。

编程练习

练习 2.4 在某歌唱比赛中，一共有 5 个评委进行打分，打分使用百分制。编写一个程序，从键盘上输入某选手的 5 个得分，计算出评委给其打出的总分和平均分。

知识延伸

scanf 函数中格式字符串的构成与 printf 函数基本相同，但使用时有以下几点不同。

① 在格式说明符中，可以指定数据的宽度，但不能指定数据的精度。例如：

```
float a;
scanf("%10f", &a);                 //正确
scanf("%10.2f",&a);                //错误
```

② 输入 long 类型数据时必须使用格式控制符%ld，输入 double 类型数据时必须使用格式控制符%lf 或%le。

2.3.3 单个字符的输入输出

知识讲解

putchar()函数是字符输出函数，其功能是在终端（显示器）输出单个字符。
其一般调用形式如下：

```
putchar(字符变量);
```

getchar()函数的功能是接收用户从键盘上输入的一个字符。getchar()会以返回值的形式返回接收到的字符。
其一般调用形式如下：

```
getchar();
```

案例分析

例 2.6 从键盘上输入两个大写字母，将其转换成小写字母后输出。
程序代码：

```
#include<stdio.h>
void main( )
{
    char ch1,ch2;          //定义两个字符型变量 ch1 和 ch2
    printf("please input two capitals:\n");
    ch1= getchar();        //用 getchar()函数从键盘上接收一个字符并赋值给 ch1
    ch2= getchar();        //用 getchar()函数从键盘上接收一个字符并赋值给 ch2
    ch1=ch1+32;            //将大写字母 ch1 转换成小写字母
    ch2=ch2+32;            //将大写字母 ch2 转换成小写字母
    putchar(ch1);          //用 putchar()函数输出 ch1 的值
```

```
        putchar(ch2);          //用 putchar()函数输出 ch2 的值
        putchar('\n');         //用 putchar()函数输出一个回车符
    }
```

运行结果：

```
please input a capital:
AB✓
ab
```

程序注解：

① ch1=getchar();和 ch2= getchar();语句表示从键盘上接收输入字符并放到 ch1 和 ch2 中。

② ch1=ch1+32;和 ch2=ch2+32;语句表示将大写字母转换成小写字母。思考：为什么通过将大写字母加上 32 就可以将其转换成小写字母？

③ putchar(ch1);和 putchar(ch2);表示输出 ch1 和 ch2 两个字母，putchar('\n');表示输出一个回车符进行换行。

思考： 在运行结果中，为什么输入的两个字母'AB'不需要用空格等分隔符隔开？

▢ 编程练习

练习 2.5　编写一程序，从键盘上输入一个小写字母字符，输出其对应的大写字母。

扫一扫看本练习题源程序代码

▤ 知识延伸

① 用 getchar()读入时，如果不按回车键，则所有输入会放入缓冲区，而不会被读入。最后输入的回车符，虽是用来告诉系统输入已结束，但同时也会作为一个字符放入缓冲区。

② 本例中，如果输入 12，则它们将被当做两个字符'1'和'2'（注意，不是数字 1、2）输入，而不作为一个整数 12 来看待。

③ putchar()输出指定字符时，不会在输出后自动换行。

④ getchar 可以读入任意字符。

2.4　运算符和表达式

运算符用于执行程序代码运算，会针对一个或以上操作数项目来进行运算。例如，2+3，其操作数是 2 和 3，而运算符则是"+"。C 语言把除了控制语句和输入输出以外的几乎所有的基本操作都看做运算符处理。

C 语言的运算符有以下几类。

（1）算术运算符：+　-　*　/　%

（2）赋值运算符：=　扩展赋值运算符

（3）逗号运算符：,

（4）逻辑运算符：!　&&　||

（5）关系运算符：>　<　==　!=　>=　<=

（6）条件运算符：? :

（7）位运算符：<< >> ~ | ^ &

（8）指针运算符：* &

（9）求字节数运算符：sizeof

（10）强制类型转换运算符：(类型)

（11）分量运算符：. ->

（12）下标运算符：[ ]

（13）其他：函数调用运算符()

本节只介绍算术运算符和算术表达式、赋值运算符和赋值表达式、逗号运算符和逗号表达式，其他的运算符及表达式将在后续章节陆续介绍。

2.4.1 算术运算符和算术表达式

1. 基本的算术运算符

▢ **知识讲解**

 扫一扫看变量赋初值混合运算规则课教案设计

 扫一扫看算术运算符和算术表达式课教案设计

表 2-7 显示了 C 语言支持的基本算术运算符。此表中假设变量 **A** 的值为 10，变量 **B** 的值为 20。

表 2-7　算术运算符

运算符	描　　述	实　　例
+	把两个操作数相加	A + B 将得到 30
-	从第一个操作数中减去第二个操作数	A - B 将得到 -10
*	把两个操作数相乘	A * B 将得到 200
/	分子除以分母	B / A 将得到 2
%	取模运算符，整除后的余数	B % A 将得到 0

▢ **案例分析**

例 2.7 现有两个变量 a、b，给其赋值，计算它们的和、差、积、商和余数。

程序代码：

```
#include <stdio.h>
int main()
{
    int a = 21;
    int b = 10;
    int c ;
    c = a + b;
    printf("a + b 的结果是: %d\n", c );
    c = a - b;
    printf("a - b 的结果是: %d\n", c );
```

 扫一扫看本例题源程序代码

```
        c = a * b;
        printf("a * b的结果是：%d\n", c );
        c = a / b;
        printf("a / b的结果是：%d\n", c );
        c = a % b;
        printf("a % b的结果是：%d\n", c );
    }
```

运行结果：

```
    a + b的结果是：21
    a - b的结果是：11
    a * b的结果是：210
    a / b的结果是：2
    a % b的结果是：1
```

程序注解：

① 在 C 语言中，两个整数做除法运算时，不管能否除尽，运算结果都是整数。如本例中 21/10 的结果是 2，而不是 2.1。

② 取模%运算符的两个操作数必须是整数。

编程练习

扫一扫看本练习题源程序代码

练习 2.6　从键盘上输入一个 3 位数的整数，求该整数个位、十位、百位上的数字之和。

2. 强制类型转换运算符

知识讲解

强制类型转换是通过类型转换运算来实现的。其一般语法形式如下：

(类型说明符) (表达式)

其功能是把"表达式"的运算结果强制转换成"类型说明符"所表示的数据类型。例如，(float) a 把变量 a 强制转换为实型，(int)(x+y)把 x+y 的运算结果强制转换为整型。

案例分析

例 2.8　从键盘上输入两个正整数，计算并输出这两个整数的平均数。

程序代码：

扫一扫看本例题源程序代码

```
    #include<stdio.h>
    void main()
    {
        int num1,num2;
        float avg;
        scanf("%d%d",&num1,&num2);
        avg=(float)(num1+num2)/2;
```

```
    printf("avg=%.2f\n",avg);
    }
```

运行结果：

```
8 5↙
avg=6.5
```

程序注解：

① 前面分析过，在 C 语言中，两个整数相除，结果仍然为整数。因此，本例中为了保证运算结果正确，将两个数的和强制转换成浮点型，即(float)(num1+num2)，这样就能保留运算结果的小数，得到运算结果 6.5。如果不进行强制类型转换，则结果错误。

② 强制类型转换时，类型说明符和表达式都必须加括号（单个变量可以不加括号），如把(int)(x+y)写成(int)x+y，则表示把 x 转换成 int 型之后再与 y 相加，与(int)(x+y)的结果是不一样的。

③ 无论是强制转换还是自动转换，都只是为了本次运算的需要而对变量的数据长度进行的临时性转换，而不改变数据说明时对该变量定义的数据类型。本例中，执行了(float)(num1+num2)后，num1 和 num2 的数据类型仍然是整型。

📖 **编程练习**

练习 2.7 已知球的体积计算公式为 $v=4/3\pi r^3$，其中 r 是半径，v 是球的体积，π 是圆周率，值取 3.14。现从键盘上输入一个球的半径值 r，计算其体积 v。

扫一扫看本练习题源程序代码

📑 **知识延伸**

变量的数据类型是可以转换的。转换的方法有两种：一种是自动转换，另一种是强制转换。前面介绍了强制转换，下面只简单介绍一下自动转换。

自动转换发生在不同数据类型的变量混合运算时，由编译系统自动完成。自动转换遵循以下规则。

（1）若参与运算变量的类型不同，则先转换成同一类型，再进行运算。

（2）转换按数据长度增加的方向进行，以保证精度不降低。例如，int 型和 long 型的量运算时，先把 int 型转换成 long 型后再进行运算。

（3）所有的浮点运算都是以双精度进行的，即使仅含 float 单精度量运算的表达式，也要先全部转换成 double 型，再做运算。

（4）char 型和 short 型参与运算时，必须先将其转换成 int 型。

（5）在赋值运算中，赋值号两边量的数据类型不同时，赋值号右边量的类型将转换为左边量的类型。如果右边量的数据类型长度比左边长，则将丢失一部分数据，这样会降低精度，丢失的部分按四舍五入向前舍入。

3. 自增（++）、自减（--）运算符

📖 **知识讲解**

自增（++）、自减（--）运算符是单目运算符，即只对一个操作数进行操作，运算后的结果仍赋予该操作数。因此，参与自增、自减的对象必须是变量，常量和表达式是不能做这两种运算的。例如，9++、（a+b）++之类的表达式都是错误的。

表 2-8 显示了 C 语言支持的自增、自减算术运算符。表中假设变量 a 的初始值为 10。

表 2-8　自增、自减运算符

运算符	描　述	实　例	等　价　于
++	把操作数在原来的基础上加 1	a ++ 后将使 a 的值变为 11	a++等价于 a=a+1
—	把操作数在原来的基础上减 1	a — 后将使 a 的值变为 9	a—等价于 a=a-1

案例分析

例 2.9　运行下面的程序，观察其运行结果，并分析说明原因。

程序代码：

```
#include <stdio.h>
int main()
 {
   int c;
   int a = 10;                    //a 赋值为 10
   c = a++;
   printf("先赋值后运算：\n");
   printf("Example1: c 的值是 %d\n", c );
   printf("Example1: a 的值是 %d\n", a );
    a = 10;                       //a 重新赋值为 10
    c = a - -;
    printf("Example2: c 的值是 %d\n", c );
    printf("Example2: a 的值是 %d\n", a );
    printf("先运算后赋值：\n");
    a = 10;                       //a 重新赋值为 10
    c = ++a;
    printf("Example3: c 的值是 %d\n", c );
    printf("Example3: a 的值是 %d\n", a );
    a = 10;                       //a 重新赋值为 10
    c = --a;
    printf("Example4: c 的值是 %d\n", c );
    printf("Example4: a 的值是 %d\n", a );
    return 0;
 }
```

扫一扫看
本例题源
程序代码

运行结果：

```
先赋值后运算：
Example1: c 的值是 10
Example1: a 的值是 11
Example2: c 的值是 10
Example2: a 的值是 9
```

先运算后赋值：
```
Example3：c 的值是 11
Example3：a 的值是 11
Example4：c 的值是 9
Example4：a 的值是 9
```

程序注解：

① 自增和自减运算符的符号作为操作数的前缀和后缀时，对于运算的结果是不一样的。对于前缀运算符，先执行自增或自减运算，再计算表达式的值；而对于后缀运算符，则先计算表达式的值，再执行自增或自减运算。

② 自增（++）和自减（——）运算符只能运用于简单变量，常量和表达式是不能做这两种运算的，如5——、（x+y）++都是不正确的。

📄 **编程练习**

扫一扫看本练习题源程序代码

练习2.8　假设 num、sum 均为整数，且 num=sum=7，经过 sum=num++、sum++、++num 运算后，sum 和 num 的值分别是多少？

4. 算术表达式

表达式是由运算符和操作数组合构成的。最简单的表达式是一个单独的操作数，以此作为基础可以建立复杂的表达式，例如，3+2、a=(2+b/3)/5、x=i++、m=2*5。操作数可以是常量，也可以是变量，亦可以是它们的组合。一些表达式是多个较小的表达式组合而成的，这些小的表达式称为子表达式。

用算术运算符和括号将操作数连接起来的符合 C 语法规则的式子，称为 C 语言的算术表达式。算术表达式的操作对象可以是常量、变量、函数等，如 b——、x1+x2、5*y 等。

5. 算术运算符的优先级和结合方向

在一个表达式中可能包含多个由不同运算符连接起来的、具有不同数据类型的数据对象；由于表达式有多种运算，不同的运算顺序可能得出不同的结果。因此，当表达式中包含多种运算时，必须按一定顺序进行结合，才能保证运算的合理性和结果的正确性、唯一性。

在算术运算符中，自增（++）、自减（——）运算符优先级别相同，但高于基本算术运算符（+、–、*、/、%），结合方向是"自右向左"，即右结合性。例如，表达式 6*2+a——先计算 a——的值，再完成其他的计算。

基本算术运算符（+、–、*、/、%）中，%、*、/的优先级高于+、–，结合方向为"自左向右"，即左结合性。例如，表达式 x+y*z-3 在运算时，先计算 y*z，再自左向右完成其他的运算。

算术运算符的结合性和优先级如表 2-9 所示。

表 2-9　算术运算符结合性与优先级

运　算　符	结　合　性	优　先　级
++、——	从右到左	高
*、/、%	从左到右	↓
+、–	从左到右	低

2.4.2　赋值运算符和赋值表达式

📖 知识讲解

1. 赋值运算符

扫一扫看顺序
结构程序课教
案设计

简单赋值运算符的符号为"="。由"="连接的式子称为赋值表达式。其一般语法形式如下：

<变量>=<表达式>

例如，x=a+b、w=sin(a)+sin(b)、y=i++。

赋值表达式的功能是计算表达式的值再赋予左边的变量。赋值运算符具有右结合性。因此，a=b=c=5 可理解为 a=(b=(c=5))。

2. 复合赋值运算符

在赋值运算符前面加上一个其他的运算符后，就构成了复合赋值运算符。其一般语法形式如下：

<变量><双目运算符>=<表达式>

使用复合赋值运算符的主要目的是简化程序，提高编译效率。在 C 语言中，大部分的二元（双目）运算符可以和赋值运算符结合成复合赋值运算符。

常见的复合赋值运算符如表 2-10 所示。

表 2-10　常见的复合赋值运算符

运算符	例　子	等价于	运算符	例　子	等价于
+=	x+=3	x=x+3	/=	x/=3	x=x/3
-=	x-=3	x=x-3	%=	x%=3	x=x%3
*=	x*=3	x=x*3			

3. 赋值表达式

由赋值运算符将一个变量和一个表达式连接起来的式子称为赋值表达式。其一般语法形式如下：

<变量><赋值运算符><表达式>

对赋值表达式求解的过程是将"赋值运算符"右侧的"表达式"的值赋给左侧的变量，而"表达式"的值就是被赋值的变量的值。

🗂 案例分析

例 2.10　观察下面的代码，了解赋值运算符的使用。

程序代码：

扫一扫看
本例题源
程序代码

```c
#include <stdio.h>
void main()
{
    int a = 21;
    int c;
    c = a;
    printf("=运算符实例，c 的值为： %d\n", c );
    c += a;
    printf("+=运算符实例，c 的值为： %d\n", c );
    c -= a;
    printf("-=运算符实例，c 的值为： %d\n", c );
    c *= a;
    printf("*=运算符实例，c 的值为： %d\n", c );
    c /= a;
    printf("/=运算符实例，c 的值为： %d\n", c );
    c = 200;
    c %= a;
    printf("%=运算符实例，c 的值为： %d\n", c );
}
```

运行结果：

```
=运算符实例，c 的值为： 21
+=运算符实例，c 的值为： 42
-=运算符实例，c 的值为： 21
*=运算符实例，c 的值为： 441
/=运算符实例，c 的值为： 21
%=运算符实例，c 的值为： 11
```

程序注解：

① 赋值运算符的结合方向是"自右向左"。

② 若赋值运算符两侧表达式的值类型不同，则先进行类型转换。

编程练习

练习 2.9　若有 int m=5,y=2，计算表达式 y+=y-=m*=y 后，y 的值是多少？

2.4.3　逗号运算符和逗号表达式

扫一扫看本
练习题源程
序代码

知识讲解

C 语言中，","也是一种运算符，称为逗号运算符。其功能是把两个表达式连接起来组成一个表达式，称其为逗号表达式。

其一般语法形式如下：

表达式 1，表达式 2，表达式 3，……表达式 *n*

其求值过程是依次求 n 个表达式的值，并以最后一个表达式，即表达式 n 的值作为整个逗号表达式的结果。

案例分析

例 2.11　阅读下面的程序代码，分析其输出结果。

程序代码：

```
#include<stdio.h>
void main()
{
    int a=2,b=4,c=6,x,y;
    x=a+b,y=x+c;
    printf("y=%d,x=%d\n",y,x);
}
```

运行结果：

```
y=12,x=6
```

程序注解：

① 语句 x=a+b,y=x+c;先计算 x=a+b，再计算 y=x+c。

② 逗号运算符在所有运算符中优先级别最低，且具有从左至右的结合性。

③ 在逗号表达式中，各表达式的数据类型可以不同。

编程练习

练习 2.10　若 x 和 a 均是 int 型变量，则编程计算下面两个表达式，求出其 x 的值。

（1）x=(a=4,6*2)。

（2）x=a=4,6*2。

知识延伸

① 逗号表达式一般语法形式中的表达式 1 和表达式 2 等本身也可以是逗号表达式。例如，表达式 1，（表达式 2，表达式 3）形成了嵌套情形。

② 程序中使用逗号表达式时，通常是分别求逗号表达式内各表达式的值，并不一定要求整个逗号表达式的值。

③ 并不是在所有出现逗号的地方都组成逗号表达式，如在变量说明中，函数参数表中逗号只用做各变量之间的间隔符。

本章小结

本章介绍了 C 语言程序中的基本组成元素，包括标识符、关键字、数据类型、各种运算符和表达式等。标识符包括用户自定义的用来表示变量、函数名等的符号，而关键字则是系统定义的符号。C 语言中有多种数据类型，这些数据类型可以表示各种数据，以方便定义各种变量和常量。C 语言的输入输出是通过函数来实现的。C 语言还定义了各种类型的运算符，它们可以生成各种表达式，进行各种运算操作。

习题 2

扫一扫看
本习题参
考答案

一、选择题

1. 假设所有变量均为整型，则表达式（a=2,b=5,b++,a+b）的值是（　　）。

   A. 7　　　　　　　B. 8　　　　　　　C. 9　　　　　　　D. 10

2. 下列四个选项中，均是 C 语言关键字的选项是（　　）。

   A. auto　enum　include　　　　B. switch　typedef　continue

   C. signed　union　scanf　　　　D. if　struct　type

3. 下面四个选项中，均是不合法的用户标识符的是（　　）。

   A. A　P_0　do　　　　　　　　B. float　la0　_A

   C. b-a　goto　int　　　　　　　D. _123　temp　INT

4. 下列正确的字符常量的是（　　）。

   A. "C"　　　　　　B. "\\"　　　　　　C. 'W'　　　　　　D. "

5. 下列说法不正确的是（　　）。

   A. 在 C 语言中，逗号运算符的优先级别最低

   B. 在 C 程序中，APH 和 aph 是两个不同的变量

   C. 若 a 和 b 类型相同，在计算了赋值表达式 a=b 后 b 中的值将存入 a 中，而 b 中的值不变

   D. 整型变量的格式控制符是%f，实型变量的格式控制符是%d

6. 在 C 语言中，要求操作数必须是整型的运算符是（　　）。

   A. /　　　　　　B. ++　　　　　　C. %　　　　　　D. *

7. 表达式 18/4*sqrt(4.0)/8 值的数据类型为（　　）。

   A. int　　　　B. float　　　　C. double　　　　D. 不确定

8. 若有以下定义，则能使值为 3 的表达式是（　　）。

```
int k=7,x=12;
```

   A. x%=(k%=5)　　B. x%=(k-k%5)　　C. x%=k-k%5　　D. (x%=k)-(k%=5)

二、编程题

1. 编写程序，交换两个整型变量的值，并输出交换后的变量的值。

2. 编写程序，从键盘上输入一个整数，输出其绝对值。

3. 从键盘上输入一个实数，输出其平方根。

4. 要将"China"译成密码，密码规律如下：用原来字母后面的第 4 个字母代替原来的字母。例如，字母"A"后面第四个字母是"E"。因此"China"应译为"Glmre"。请编写一个程序，用赋值语句将"China" 5 个字母分别赋值给 5 个变量，然后输出编码后的这些变量的值。

5．编写一个程序，将华氏温度转换为摄氏温度，转换公式为摄氏温度=5/9（华氏温度），要求从键盘上输入一个华氏温度的值。

6．爸爸给小明 n 元钱，让小明自己去买糖，已知每块糖 3 角钱，问：小明最多能买几块糖，找回多少钱？

 扫一扫看第 1 题源程序代码

 扫一扫看第 2 题源程序代码

 扫一扫看第 3 题源程序代码

 扫一扫看第 4 题源程序代码

 扫一扫看第 5 题源程序代码

 扫一扫看第 6 题源程序代码

第**3**章

选择结构程序设计

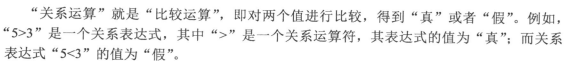

3.1　选择结构条件判定

3.1.1　关系运算符和关系表达式

扫一扫看关系运算符、逻辑运算符课教案设计

知识讲解

1. 关系运算符

"关系运算"就是"比较运算",即对两个值进行比较,得到"真"或者"假"。例如,"5>3"是一个关系表达式,其中">"是一个关系运算符,其表达式的值为"真";而关系表达式"5<3"的值为"假"。

C 语言中有 6 种关系运算符,分别是>（大于）、<（小于）、>=（大于等于）、<=（小于等于）、!=（不等于）、==（等于）,它们都是双目运算符,前四种的优先级大于后两种。所有关系运算符的优先级都低于算术运算符,高于赋值运算符。关系运算符为双目运算符,其结合方向为自左向右。根据上述规则,以下表达式等价:

a>b+c 等价于 a>(b+c)

a>b!=c 等价于 (a>b)!=c

d=b+2==3 等价于 d=((b+2)==3)

b-1==a!=c 等价于 ((b-1)==a)!=c

2. 关系表达式

用关系运算符将两个表达式（可以是算术表达式、关系表达式、逻辑表达式、赋值表达式、字符表达式）连接起来的式子,称为关系表达式。例如,a+b<=c+d,x>(y>2),!a==(b&&c),(a=10)>(b=1),'x'>'y'。

关系表达式的值为"真"或者"假",C 语言中用"1"表示真,用"0"表示假。例如,x=1,y=2,c=3,那么关系表达式 x>y 的值为真,得值 1;关系表达式(x+y)>c 的值为假,得值 0。

案例分析

例 3.1　阅读下面的程序,分析三次输出的 a、b、c 的结果,并说明其原因。

程序代码:

扫一扫看本例题源程序代码

```c
#include <stdio.h>
int main()
{
    int a,b,c;
    a=b=c=10;
    printf("a=%d,b=%d,c=%d\n",a,b,c);
    a=b==c;
    printf("a=%d,b=%d,c=%d\n",a,b,c);
    a=b>c>=10;
    printf("a=%d,b=%d,c=%d\n",a,b,c);
```

```
            return 0;
        }
```

运行结果：

```
a=10,b=10,c=10
a=1,b=10,c=10
a=0,b=10,c=10
```

程序注解：

① 赋值运算符 "=" 具有右结合性，a=b=c=10 即为 a=(b=(c=10))，因此，第一个输出为 "a=10,b=10,c=10"。

② 关系运算符优先级高于赋值运算符，a=b==c 即为 a=(b==c)，b==c 值为 "真"，即值为 "1"，因此 a=1，所以第二个输出为 "a=1,b=10,c=10"。

③ 关系运算符优先级高于赋值运算符，关系运算符的结合性为自左至右，a=b>c>=10 即为 a=((b>c)>=10)，b>c 的值为 0，0>=10 的值为 0，所以第三个输出为 "a=0,b=10,c=10"。

▢ 编程练习

练习 3.1　a=1，b=20，c=10，x=a>b，y=a<b<c，思考 x、y 的值为多少，请编程验证 x 和 y 的值。

扫一扫看本练习题源程序代码

3.1.2　逻辑运算符和逻辑表达式

如果 "将成绩在 80 分到 90 分之间的分数定义为良好"，那么怎样用 C 语言来描述这个成绩区间呢？这里就涉及逻辑运算符和逻辑表达式。

▢ 知识讲解

1. 逻辑运算符

C 语言中有三种逻辑运算符，分别介绍如下。

&&（逻辑与）：当 "&&" 两边操作数同时为真时，表达式的值为 1，否则为 0。

||（逻辑或）：当 "||" 两边至少有一个为真时，表达式的值为 1，否则为 0。

!（逻辑非）：操作数为 0 时，结果为 1，否则，结果为 0。

前两个为双目运算符，具有左结合性，如分数区间是 80 到 90 时，可描述为 (x>80)&&(x<90)，除此之外的分数区间可描述为 (x<=80)||(x>=90)，"!" 是单目运算符，具有右结合性，如 !(x==0)。三个逻辑运算符中，"!" 的优先级最高，"&&" 其次，"||" 最低。"!" 的优先级高于算术运算符，"&&" 和 "||" 的优先级低于关系运算符而高于赋值运算符。所以，(x>80)&&(x<90) 可以写成 x>80&&x<90，(x<=80)||(x>=90) 可以写成 x<=80||x>=90，但是 !(x==0) 如果写成 !x==0，就变成了关系表达式 (!x)==0。

2. 逻辑表达式

用逻辑运算符将关系表达式或逻辑量连接起来的式子就是逻辑表达式。逻辑表达式的值为 "真" 或者 "假"。C 语言编译系统在给出逻辑运算结果时，以 1 表示 "真"，以 0 表示

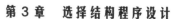

"假"，而在判断一个量是否为"真"时，以 0 表示"假"，以非 0 表示"真"。因此，如果一个表达式中有数值，则要分析这个数值是数值运算的对象，还是关系运算的对象，或是逻辑运算的对象。

表 3-1 为逻辑运算的"真值表"，当 a 和 b 的值为不同组合时，各种逻辑运算得到的值分别如表 3-1 所示。

表 3-1　逻辑运算的真值表

a	b	a&&b	a||b	! a
非 0	非 0	1	1	0
非 0	0	0	1	1
0	非 0	0	1	1
0	0	0	0	1

案例分析

例 3.2　设 x=3，y=4，z=0，求表达式 x>=y==z&&!x+2>3 的值，并编写程序进行验证。

程序代码：

```c
#include <stdio.h>
int main()
{
    int x=3,y=4,c=0;
    printf("表达式 x>=y==z&&!x+2>3 的值为%d\n",x>=y==z&&!x+2>3);
    return 0;
}
```

扫一扫看本例题源程序代码

运行结果：

表达式 x>=y==z&&!x+2>3 的值为 0

程序注解：

根据优先级高低，上述表达式等同于(x>=y==c)&&((!x+2)>3)，先计算 x>=y，得值 0，0==z，得值 1，再计算"&&"右侧，!x+2，得值 2，2>3，得值 0，最后计算 1&&0，得值 0。

在 x>=y==c 的计算中，x、y、z 作为关系运算的对象参与计算，而在!x 中，x=3 以非 0 参与逻辑运算，得到 0，再进行数值运算。

例 3.3　阅读下面的程序，分析其输出结果。
程序代码：

```c
#include <stdio.h>
int main()
{
    int x=0,y=0;
```

```
y=(3>1&&(x=8));
printf("1:x=%d,y=%d\n",x,y);

x=0,y=0;
y=(3<1&& (x=8));
printf("2:x=%d,y=%d\n",x,y);

x=0,y=0;
y=(3>1||(x=8));
printf("3:x=%d,y=%d\n",x,y);

x=0,y=0;
y=(3<1||(x=8));
printf("4:x=%d,y=%d\n",x,y);
return 0;
}
```

运行结果：

```
1:x=8,y=1
2:x=0,y=0
3:x=0,y=1
4:x=8,y=1
```

程序注解：

① y=(3>1&&(x=8))中，3>1 值为 1，再执行 x=8，"&&" 右侧表达式为真，因此，y=1，x=8。

② y=(3<1&& (x=8))中，3<1 值为 0，y=0，不执行 "&&" 右侧表达式，因此 x=0。

③ y=(3>1||(x=8))中，3>1 值为 1，y=1，不执行 "||" 右侧表达式，因此 x=0。

④ y=(3<1||(x=8))中，3<1 值为 0，再执行 x=8，"||" 右侧表达式为真，因此，y=1，x=8。

编程练习

练习 3.2   a=3，b=4，c=5，求表达式 a<c&&c<b-!0 的值，并编写程序进行验证。

练习 3.3   闰年符合如下条件之一：

（1）如果是普通年，则能被 4 整除，但不能被 100 整除；（2）如果是世纪年（整百年），则能被 400 整除。

请用一个表达式表示 "year 为闰年"。

扫一扫看练
习 3.2 题源
程序代码

扫一扫看练
习 3.3 题源
程序代码

知识延伸

在进行逻辑表达式的运算中，并不是所有的表达式都会被执行，如 "a&&b"，如果左侧表达式 a 的值为 0，则整个表达式值为 0，右侧表达式 b 就不会再执行；再如 "a||b"，如果左侧表达式 a 的值为 1，则整个表达式值为 1，右侧表达式 b 也不会再执行。这种情况称为逻辑运算符的短路特性。

3.2　if 语句

假如要根据学习成绩给出及格与否的评定，学习成绩在 60 分（包括 60 分）以上的为及格，60 分（不包括 60 分）以下的为不及格。上述问题中，需要根据给定的条件，做出不同的操作，在 C 语言中可以通过 if 语句来实现。if 语句有单分支 if 语句，双分支 if-else 语句和多分支 if-else-if 语句三种形式，且 if 语句中又可以包含一个或者多个 if 语句，称为 if 语句的嵌套。

3.2.1　单分支 if 语句

🗂 **知识讲解**

语句形式：

扫一扫看
if语句课
教案设计

```
if(表达式) 语句;
```

执行过程：先判断表达式是否为真，如果为真，则执行语句，否则不执行语句。其流程图如图 3-1 所示。

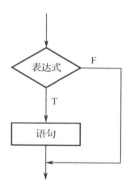

图 3-1　单分支 if 语句程序流程图

if 语句中的"表达式"必须有，并且"()"不能少。

🗔 **案例分析**

例 3.4　输入两个整数，将其中较大的数输出。
程序代码：

```
#include <stdio.h>
int main()
{
    int a,b,max;
    printf("\n 请输入两个整数，用空格分隔：\n");
    scanf("%d %d",&a,&b);
    max = a;
    if(b>max) max = b;
```

扫一扫看
本例题源
程序代码

```
    printf("max=%d\n",max);
    return 0;
}
```

运行结果：

```
请输入两个整数,用空格分隔:
14 18
max=18
```

程序注解：

先假设 a 为大数，赋给 max，如果 b 比 max 大，那么 b 是大数，赋给 max，因此，max 是比较之后的大数，将其输出。

编程练习

练习 3.4　人们把学习成绩在 60 分（包括 60 分）以上的定义为及格，用 P 表示，60 分（不包括 60 分）以下的定义为不及格，用 F 表示。请用程序实现成绩的输入并判断其及格与否。

扫一扫看本练习题源程序代码

知识延伸

if 语句中的"表达式"理论上允许是任意表达式，但一般为逻辑表达式或关系表达式。在编写代码的时候，容易将关系运算符等于"=="写为赋值运算符"="，如下面的代码：

```
scanf("%d",&x);
if(x=100)
printf("满分");
```

x=100 这个赋值表达式的结果始终为真，因此不管 x 输入多少，总是输出"满分"。但是如果将 if 语句改成

```
if(x=0)
printf("满分");
```

那么后面的 printf 将不再执行，因为 x=0 这个赋值表达式的值始终为 0，其后的表达式不会被执行。

案例分析

例 3.5　阅读下面的程序，思考和分析其输出结果。
程序代码：

```
#include <stdio.h>
int  main()
{
    int a = 0;
```

扫一扫看本例题源程序代码

 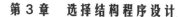

```
        if('0')    printf("这是第 1 个输出\n");
        if(0)      printf("这是第 2 个输出\n");
        if(a=3)    printf("这是第 3 个输出\n");
        if(a=0)    printf("这是第 4 个输出\n");
        if(a==0)   printf("这是第 5 个输出\n");
        return 0;
    }
```

运行结果：

> 这是第 1 个输出
> 这是第 3 个输出
> 这是第 5 个输出

程序注解：

① "if('0')   printf("这是第 1 个输出\n");" 中，条件表达式'0'为字符，值非 0。

② "if(0) printf("这是第 2 个输出\n");" 中，条件表达式为数字 0，值为 0。

③ "if(a=3) printf("这是第 3 个输出\n");" 中，条件表达式为 a=3，值非 0。

④ "if(a=0)   printf("这是第 4 个输出\n");" 中，条件表达式为 a=0，值为 0。

⑤ "if(a==0) printf("这是第 5 个输出\n");" 中，条件表达式为 a==0，值为真，非 0。

3.2.2　双分支 if-else 语句

知识讲解

语句形式：

```
if(表达式)
    语句1;
else
    语句2;
```

执行过程：先判断表达式是否为真，如果为真，则执行语句 1，否则执行语句 2。其流程图如图 3-2 所示。

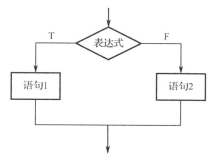

图 3-2　双分支 if-else 语句程序流程图

注意： 语句 1 后有一个分号，整个语句结束也有一个分号，这两个分号一个都不能缺少，否则会出错，但是不要认为上面是两个语句，它们同属于一个 if 语句。else 子句不能单

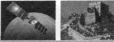

独使用，必须与 if 配对使用。

▢ 案例分析

例 3.6 输入两个整数，将其中较大的数输出。

程序代码：

扫一扫看
本例题源
程序代码

```c
#include <stdio.h>
int main()
{
    int a,b;
    printf("请输入两个整数，用空格间隔：\n");
    scanf("%d %d",&a,&b);
    if(a>b) printf("max=%d\n",a);
    else printf("max=%d\n",b);
    return 0;
}
```

运行结果：

```
请输入两个整数，用空格间隔：
14 18
max=18
```

程序注解：

之前此题已经用单分支 if 语句实现过，现在采用双分支 if-else 的方式。双分支 if-else 通常用在某个条件满足或不满足时分别执行不同操作的情况。如果 a>b 为真，那么输出 a；如果 a>b 不为真，则输出 b。

▢ 编程练习

扫一扫看本
练习题源程
序代码

练习 3.5 闰年符合如下条件之一：

（1）如果是普通年，则能被 4 整除，但不能被 100 整除。

（2）如果是世纪年（整百年），则能被 400 整除。

输入一个年份，判断并输出这一年是闰年还是平年。

▢ 知识延伸

if 语句中如果要执行多个操作，则可以将多个语句加一对花括号{}变成复合语句。

▢ 案例分析

例 3.7 输入 3 个实数，判断这 3 个数能否构成一个三角形，如能则计算其面积并输出。

程序代码：

```c
#include <stdio.h>
#include <math.h>
```

```
int main()
{
    float a,b,c;                              //定义三角形的3条边
    float s,area;                             //定义周长的一半及面积
    printf("请输入三角形的3条边,用空格间隔:\n");
    scanf("%f %f %f",&a,&b,&c);

    if(a+b>c&&b+c>a&&c+a>b){
        s = 0.5*(a+b+c);
        area = sqrt(s*(s-a)*(s-b)*(s-c));      //海伦公式
        printf("这个三角形的面积为:%6.2f\n",area);
    }else printf("这3条边不能组成三角形\n");

    return 0;
}
```

扫一扫看
本例题源
程序代码

运行结果:

请输入三角形的3条边,用空格间隔:
3.1 4.5 5.2
这个三角形的面积为:　6.94

程序注解:

① 程序中要使用 sqrt(),因此需要引入 math.h 头文件。

② 程序中,计算三角形面积需要多步操作完成,因此,可加一对花括号{}形成复合语句,注意"}"外不需要再加";"。

3.2.3　多分支 if-else-if 语句

📂 **知识讲解**

语句形式:

if(表达式1)	语句1;
else if(表达式2)	语句2;
else if(表达式3)	语句3;
…	
else if(表达式m)	语句m;
else	语句n;

执行过程:依次判断各表达式是否为真,找到第一个值为真的表达式 i,并执行语句 i,跳过其后的所有语句;如果没有一个表达式的值为真,则执行最后一个 else 之后的语句 n。其流程图如图 3-3 所示。

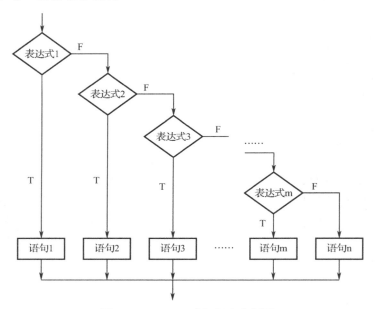

图 3-3　if-else-if 语句程序流程图

□ 案例分析

例 3.8　输入某学生的成绩，判断成绩属于哪个等级，各等级的具体要求如下。

不及格：0~60（不含 60 分）。

及格：60~70（不含 70 分）。

中等：70~80（不含 80 分）。

良好：80~90（不含 90 分）。

优秀：90~100。

扫一扫看本例题源程序代码

程序代码：

```
#include <stdio.h>
int main()
{
    float score;
    printf("请输入学生成绩：\n");
    scanf("%f",&score);

    if(score>=90) printf("该学生的成绩为优秀\n");
    else if(score>=80) printf("该学生的成绩为良好\n");
    else if(score>=70) printf("该学生的成绩为中等\n");
    else if(score>=60) printf("该学生的成绩为及格\n");
    else printf("该学生的成绩为不及格\n");
    return 0;
}
```

运行结果:

> 请输入学生成绩:
> 78
> 该学生的成绩为中等

程序注解:

根据不同的成绩,有五种等级,因此使用多分支 if-else-if 形式来实现。

编程练习

练习 3.6　输入一个字母,实现其大小写转换并输出,即如果是小写字母,则将其转换成大写字母并输出;如果是大写字母,则将其转换为小写字母并输出;如果输入的不是字母,则提示“不是字母”。

扫一扫看本
练习题源程
序代码

3.2.4　if 语句的嵌套

知识讲解

在 if 语句中又包含一个或者多个 if 语句,被称为 if 语句的嵌套。其一般语法形式如下:

```
if( )
    if( )   语句1;      ⎤
    else    语句2;      ⎦ 内嵌 if 语句
else
    if( )   语句3;      ⎤
    else( ) 语句4;      ⎦ 内嵌 if 语句
```

嵌套 if 语句可能包含多个 if 语句,应当注意 if 与 else 的配对问题,else 总是与它最近且没有与其他 else 配对的 if 配对。

例如:

```
if(表达式1)
if(表达式2) 语句1;
else 语句2;
else 语句3;
```

根据就近原则,上面的语句等价于:

```
if(表达式1){
    if(表达式2) 语句1;
    else 语句2;
}
else 语句3;
```

为了提高程序的可读性,如果有多个 if 语句嵌套,则建议使用“{}”。

全媒体环境下学习 C 语言程序设计

□ **案例分析**

例 3.9 学校篮球队招新，要求男生身高至少为 175cm，女生身高至少为 165cm。输入一个学生的性别和身高，输出这位学生是否符合篮球队的招新要求。

程序代码：

```c
#include <stdio.h>
int main()
{
    char sex;                                      //性别
    int height;                                    //身高
    printf("请输入学生的性别和身高，中间用空格间隔，F表示女生，M表示男生：\n");
    scanf("%c %d",&sex,&height);

    if(sex == 'F')                                 //如果为女生
    {
        if(height>=165)  printf("符合招新要求\n");
        else             printf("不符合招新要求\n");
    }else if(sex == 'M') {                         //如果为男生
        if(height>=175)  printf("符合招新要求\n");
        else             printf("不符合招新要求\n");
    }else printf("您的输入不符合要求\n");

    return 0;
}
```

运行结果：

```
请输入学生的性别和身高，中间用空格间隔，F表示女生，M表示男生：
F 156
不符合招新要求
```

程序注解：

sex 如果为 F，判断身高是否符合条件，若 height>=165，则符合招新要求，否则不符合；
sex 如果为 M，判断身高是否符合条件，若 height>=175，则符合招新要求，否则不符合；
sex 如果为其他字符，则提示输入不符合要求。

□ **编程练习**

练习 3.7 为汽车油箱添加油量监控机制。如果油量高于 80%，则提示"油量较高，放心出行"；如果低于 80%且高于 20%，则提示"油量正常"；如果低于 20%，则提示"油量较低，请就近加油。"请输入油量，编写程序输出相应的提示。

3.3　switch 语句

扫一扫看
switch 语句
课教案设计

知识讲解

多分支可以用 if 语句来处理，但是如果分支过多，程序就会变得冗长，造成程序可读性降低。C 语言提供了 switch 语句来处理多分支的选择。

其一般语法形式如下：

```
switch(表达式)
{
    case 常量表达式 1: 语句 1; break;
    case 常量表达式 2: 语句 2; break;
    ......
    case 常量表达式 n: 语句 n; break;
    default:         语句 n+1;
}
```

执行过程：先计算"表达式"的值，将其值依次与 case 之后的常量表达式值进行比较，如果找到某个常量表达式与"表达式"值相等，则执行这个 case 后面的语句；如果不相等，则继续比较，直到找到相等的值；如果没有任何一个常量表达式与之相等，那么执行 default 后面的语句。其流程图如图 3-4 所示。

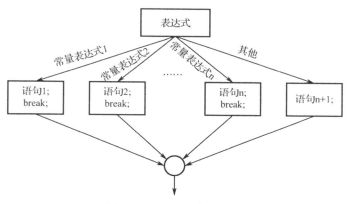

图 3-4　switch 语句流程图

可以看到，switch 语句是把各种"情况"都摆出来，根据所给条件选择处理"对策"，不符合条件的，全部归 default 处理。在写 switch 语句的时候，以下几点需要注意。

（1）switch 后面括号里的"表达式"可以是任意类型的表达式。

（2）对于 case 后面的"常量表达式"：①要互不相同，否则互相矛盾；②必须是整型数据、整型数据表达式、字符型数据或字符型数据表达式；③不能出现任何变量。

（3）各个 case 和 default 的出现次序不影响执行结果。default 可以放在 switch 结构中的任何位置，switch 结构中可以不使用 default 语句。

（4）switch 结构内的各个 case 及之后的语句是顺序执行的，因此，当执行完某个 case

后面的语句后，流程会转到下一个 case 中的语句继续执行，不再进行条件判断。因此，在执行完分支后，通常会使用 break 语句使流程跳出 switch 结构，当然，并不是每个语句后都需要 break 语句，应根据需要添加。

（5）如果某个分支的处理语句有多条，则可以使用"{}"构成复合语句。

☐ **案例分析**

例 3.10 用 switch 语句实现成绩的等级输出，成绩等级具体要求如下。

不及格：0～60（不含 60 分）。

及格：60～70（不含 70 分）。

中等：70～80（不含 80 分）。

良好：80～90（不含 90 分）。

优秀：90～100 分。

程序代码：

```c
#include <stdio.h>
int main()
{
    float score;
    int grade;
    printf("请输入学生成绩：\n");
    scanf("%f",&score);
    grade = (int)(score/10);

    switch(grade){
    case 6:printf("该学生的成绩为及格\n");break;
    case 7:printf("该学生的成绩为中等\n");break;
    case 8:printf("该学生的成绩为良好\n");break;
    case 9:
    case 10:printf("该学生的成绩为优秀\n");break;
    default:printf("该学生的成绩为不及格\n");
    }

    return 0;
}
```

运行结果：

```
请输入学生成绩：
90
该学生的成绩为优秀
```

程序注解：

① 利用评定等级的分数特征，用 grade = (int)(score/10)作为判定条件，得到一个整数，设定 case 分支中常量表达式的值。

② 巧妙地运用 switch 后表达式的值仅作为入口标号的特性，处理 90～100 中的分数，将 case 9 后的语句省略，从而去执行 case 10 后的语句。

📋 编程练习

练习 3.8　输入年份和月份，判断这个月有多少天。

扫一扫看本练习题源程序代码

📑 知识延伸

通过学习和比较，可以看到 if 语句和 switch 语句的差别。

（1）if 语句能表示连续的数据段，如大于 3 小于 5 的数据可表示为 if(x>3&&x<5)。

（2）switch 语句只能表示几个点，如例 3.10，只能表示几种情况。

3.4　条件运算符与条件表达式

📑 知识讲解

如果仅是在 if 语句中表达式真或假的情况下对同一个变量进行赋值，则可以使用条件表达式来处理。

其一般语法形式如下：

> 表达式 1？表达式 2：表达式 3

"？:" 为条件运算符，是 C 语言中唯一的三目运算符。

条件表达式的执行过程如下：计算表达式 1，如果值为真，则计算表达式 2，且表达式 2 的值为整个条件表达式的值；如果表达式 1 的值为假，则计算表达式 3，且表达式 3 的值为整个条件表达式的值。其流程图如图 3-5 所示。

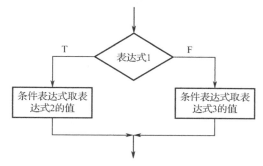

图 3-5　条件表达式执行流程图

条件运算符的优先级高于赋值运算符，低于关系运算符和算术运算符。条件运算符的结合性为自右向左。例如，a=1，b=2，c=3，d=4，num = a>b?a:c>d?c:d+1。根据条件表达式的优先级和右结合性，num = a>b?a:(c>d?c:(d+1.5))，a>b 为假，计算 c>d?c:(d+1)，c>d 为假，计算 d+1.5=5，得 num=5.5。

在条件表达式中，表达式 2、表达式 3 的类型可以各不相同，其最终的值为两者中较高的类型。例如，在上面的例子中，如果 a=2，b=1，则 num=2.0。

表达式 2、表达式 3 可以是数值表达式、赋值表达式或函数表达式。例如，x>y?(x=100):(y=100)和 x>y?printf("%d",x):("%d",y)都是合法的。

□ 案例分析

例 3.11 输入一个字母，实现其大小写转换并输出。

程序代码：

```c
#include <stdio.h>
int main()
{
    char a;
    printf("请输入字母：\n");
    scanf("%c",&a);

    printf("转换为：%c\n",(a>='a'&&a<='z')?(a-32):(a+32) );

    return 0;
}
```

扫一扫看
本例题源
程序代码

运行结果：

```
请输入字母：
d
转换为：D
```

程序注解：

条件运算符的优先级高于赋值运算符，低于关系运算符和算术运算符，因此(a>='a'&&a<='z')?(a-32):(a+32)也可以写成 a>='a'&&a<='z'?a-32:a+32，如果有语句 ch = a>='a'&&a<='z'?a-32:a+32，则会将条件表达式的值赋给 ch。

在实际案例中，可利用大小写字母的 ASCII 码的差值实现大小写的转换。

□ 编程练习

练习 3.9　某家快递公司，省内首重 12 元/千克，续重 2 元/千克，省外首重 22 元/千克，续重 14 元/千克。编程实现输入邮寄类型（省内用 1 表示，省外用 0 表示）和重量，给出邮费。

扫一扫看本
练习题源程
序代码

本章小结

选择结构是三大程序结构之一，可以通过 if 语句、switch 语句和条件表达式来实现。if 语句是最常见的选择结构，可以通过多分支和嵌套来实现复杂的选择结构。switch 语句通常用来处理多分支选择，但与 if 语句不同的是，它只能表示几个点，而不能表示连续的数据段。条件表达式用来处理表达式真或假的情况下对同一个变量进行赋值的问题。在实际应用中，要根据具体的情况，结合不同语句的特性，选择相应的方式来解决实际问题。

习题 3

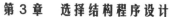
扫一扫看
本习题参
考答案

一、选择题

1．C 语言中，逻辑"真"等价于（　　）。

    A．大于零的数　　　　　B．大于零的整数　　　C．非零的数　　　D．非零的整数

2．C 语言的 switch 语句中，case 后（　　）。

    A．只能为常量

    B．只能为常量或常量表达式

    C．可为常量及表达式或有确定值的变量及表达式

    D．可为任意量或表达式

3．为了避免嵌套的 if-else 语句的二义性，C 语言规定 else 总是与（　　）组成配对关系。

    A．缩排位置相同的 if　　　　　　　　B．在其之前未配对的 if

    C．在其之前未配对的最近的 if　　　　D．同一行上的 if

4．若有定义 int x, y;并已正确给变量赋值，则以下选项中与表达式(x-y)?(x++) : (y++)中的条件表达式(x-y)等价的是（　　）。

    A．(x-y<0||x-y>0)　　B．(x-y<0)　　　C．(x-y>0)　　　D．(x-y==0)

5．有如下嵌套的 if 语句：

```
if ( a<b)
if(a<c) k=a;
else k=c;
else
if(b<c) k=b;
else k=c;
```

以下选项中与上述语句等价的语句是（　　）。

    A．k=(a<b)?((b<c)?a:b): ((b>c)?b:c);　　　　B．k=(a<b)?((a<c)?a:c): ((b<c)?b:c);

    C．k=(a<b)?a:b; k=(b<c)?b:c ;　　　　　　D．k=(a<b)?a:b; k=(a<c)?a:c ;

二、编程题

1．输入 3 个数，请按从大到小的顺序输出。

2．某共享单车，前两个小时计费 1 元，之后每半个小时增加 1 元钱，请编程实现输入骑车时间（分钟），输出所需支付的费用。

3．水仙花数是指一个 n（$n \geqslant 3$）位数，它的每个位上的数字的 n 次幂之和等于其本身。输入一个数，判断它是否为水仙花数。

4．有一个方程 $ax^2+bx+c=0$，a、b、c 的值由键盘输入，编程实现输出以下情况时方程的解。

（1）$a=0$，$b \neq 0$ 时，解为-c/b。

（2）$a=0$，$b=0$，$c=0$ 时，解为任意值。

（3）$a=0$，$b=0$，$c\neq0$ 时，无解。

（4）$a\neq0$，$b^2-4ac\geq0$ 时，有两个实根。

（5）$a\neq0$，$b^2-4ac\leq0$，有两个虚根。

5．现在的个人所得税起征点为 3 500 元/月，也就是说，月工资超过 3 500 元就要缴税。但是，工资超过 3 500 元/月时会分不同等级进行计税，对应的税率如表 3-2 所示。

表 3-2　税率

级　数	全月应纳税所得额	税率/（%）	速算扣除数
1	不超过 1 500 元的	3	0
2	超过 1 500 元至 4 500 元的部分	10	105
3	超过 4 500 元至 9 000 元的部分	20	555
4	超过 9 000 元至 35 000 元的部分	25	1 005
5	超过 35 000 元至 55 000 元的部分	30	2 755
6	超过 55 000 元至 80 000 元的部分	35	5 505
7	超过 80 000 元的部分	45	13 505

个税=［本月收入（扣除五险一金）-（3 500）］*对应税率-速算扣除数。某公司职员扣除五险一金后收入为 10 000，应纳税所得额为 6 500，对应第 3 级，所以个税=（10 000-3 500）*20%-555=745。请分别使用 if 语句和 switch 语句编程实现个税计算，输入扣除五险一金后的收入，输出其个税。

扫一扫看第
1 题源程序
代码

扫一扫看第
2 题源程序
代码

扫一扫看第
3 题源程序
代码

扫一扫看第
4 题源程序
代码

扫一扫看第
5 题源程序
代码 1

扫一扫看第
5 题源程序
代码 2

第4章

循环结构程序设计

知识目标

- 熟悉 for 语句、while 语句和 do-while 语句
- 熟悉 break 语句和 continue 语句
- 理解程序设计思路，掌握程序设计基本结构中的循环结构的使用

能力目标

- 了解循环结构程序设计方法，理解算法优化的基础知识
- 能够正确使用 for 语句有效解决实际问题
- 能够正确使用 while、do-while 语句有效解决实际问题
- 能够正确使用 break、continue 语句有效解决实际问题

4.1　for 语句

在实际应用中，很多问题的求解都可以归结为具有规律性的重复操作，因此，在程序中就需要重复执行某些语句，实际上就是循环。

循环结构是程序设计中一种很重要的结构，它和顺序结构、选择结构共同作为各种复杂程序的基本构造单元。循环结构是由循环体及循环的终止条件两部分组成的。其特点如下：在给定条件成立时，反复执行某程序段，直到条件不再成立为止，给定的条件称为循环的终止条件，被重复执行的语句段称为循环体。

C 语言提供了以下三种常用的循环语句。

（1）for 语句构成的循环结构（当型循环）。

（2）while 语句构成的循环结构（当型循环）。

（3）do-while 语句构成的循环结构（直到型循环）。

扫一扫看 for 语句、循环的嵌套课教案设计

🗇 **知识讲解**

C 语言中的 for 语句使用最为灵活，不仅可以用于循环次数已经确定的情况，还可以用于循环次数不确定而只给出循环结束条件的情况。

1. for 语句的一般语法形式

```
for（表达式 1；表达式 2；表达式 3）
    循环体语句;
```

2. 使用说明

（1）"表达式 1"通常为循环变量初值，一般是赋值表达式。也允许在 for 语句外给循环变量赋初值，此时可以省略该表达式。

（2）"表达式 2"为判断是否进入循环的条件，称为控制表达式，一般为关系表达式或逻辑表达式。

（3）"表达式 3"通常用来修改循环控制变量的值（增量或减量运算），一般是赋值语句，它使得在有限次循环后，可以正常结束循环。

（4）当循环体语句由多个语句组成时，必须用花括号"{ }"把循环体语句括起来，以构成复合语句。

3. 执行流程

（1）计算"表达式 1"的值。

（2）计算"表达式 2"的值，若其值为真（值为非 0），则执行 for 语句的"循环体语句"，然后转向执行步骤（3）。若其值为假（值为 0），则结束循环，转到步骤（5）。

（3）计算"表达式 3"的值。

（4）转回步骤（2）继续执行。

（5）循环结束，执行 for 语句后面的语句。

for 语句的流程图如图 4-1 所示。

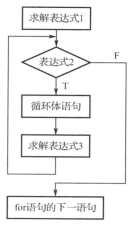

图 4-1　for 语句的流程图

在整个 for 循环执行过程中，"表达式 1"只计算一次，"表达式 2"和"表达式 3"则可能计算多次，"循环体语句"可能执行多次，也可能一次都不执行。

□ 案例分析

例 4.1　用 for 语句编写程序，计算 sum=1+2+3+…+100 的值。
程序代码：

```
#include <stdio.h>
int main()
{
    int i,sum=0;            //定义两个整型变量，sum用于存放累加之和，并赋初值为0
    for(i=1;i<=100;i++) //for语句用于实现循环累加
    sum+=i;               //for语句的循环体语句
    printf("1+2+3+…+100=%d\n",sum); //输出结果
    return 0;
}
```

运行结果：

```
1+2+3+…+100=5050
```

程序注解：

① 本程序的作用是计算 1～100 中整数的和，循环控制变量 i 从 1 增加到 100，并将累加结果输出。

② 存放累加之和的变量 sum 一定要赋初值为 0。

③ 输出结果中显示"1+2+3+…+100="，能使程序结果更友好。

□ 编程练习

练习 4.1　编程计算 200 以内所有的奇数之和。

知识延伸

for 语句有以下几种变式。

（1）for 语句的"表达式 1"可以省略，此时应在 for 语句之前给循环变量赋初值。注意：省略表达式 1 时，其后的分号不能省略。例如：

```
i=1;
for( ;i<=100; i++)
      sum+=i;
```

（2）for 语句的"表达式 2"可以省略，即不判定循环条件，也就是认为"表达式 2"始终为真，则循环将无休止地进行下去，程序陷入了死循环。为了保证程序能正常退出，此时应在"循环体语句"部分加上使循环退出的语句（如 break 语句，详见 4.5 节）。注意：省略"表达式 2"时，其后的分号不能省略。例如：

```
for(i=1; ; i++)
{
  if(i>100)  break;
  sum+=i;
}
```

（3）for 语句的"表达式 3"可以省略，此时也应设法保证循环能正常结束，一般可将"表达式 3"作为循环体语句的一部分。例如：

```
for(i=1;i<=100 ; )
{
  sum+=i;
  i++;
}
```

（4）省略"表达式 1"和"表达式 3"，即为上述第（1）和（3）种情况的综合，此时只有"表达式 2"。此时的处理对策如下："表达式 1"放在 for 语句之前，"表达式 3"放在循环体语句内。例如：

```
i=1;
for(;i<=100 ; )
{
  sum+=i;
  i++;
}
```

（5）三个表达式全部省略。如不做处理程序将成为死循环，处理对策如下："表达式 1"放在 for 语句之前，"表达式 3"放在循环体语句内。例如：

```
i=1;
for(; ; )
{
```

```
    if(i>100)break;
    sum+=i;
    i++;
}
```

注意：此种形式对于 for 语句而言无现实意义。

（6）"表达式 1"可以是设置循环变量初值的赋值表达式，也可以是与循环变量无关的其他表达式。因为按 for 循环的执行可知，在整个循环的执行过程中，"表达式 1"只执行一次。

（7）for 语句中的 3 个表达式都可以是逗号表达式，即每个表达式都可由多个表达式组成。例如：

```
for(sum=0,i=1;i<=100;i++)  sum+=i;
```

（8）"表达式 2"一般是关系表达式或逻辑表达式，但也可以是数值表达式或字符表达式，只要其值为非 0，就认为值为真，执行循环体语句。

4.2　while 语句

while 语句用来实现"当型"循环结构，通过判断循环控制条件是否满足来决定是否继续循环。

📖 知识讲解

1. while 语句的一般语法形式

扫一扫看 while 语句、do-while 语句课教案设计

```
while（表达式）
    循环体语句;
```

2. 使用说明

（1）while 语句的特点是先计算"表达式"的值，若值为真（非 0），则执行"循环体语句"；若值为假（0），则结束整个循环。因此，如果"表达式"的值一开始就为"假"，那么"循环体语句"一次也不执行。

（2）当循环体由多个语句组成时，必须用花括号括起来，构成复合语句。如果不加花括号，则 while 循环体语句的范围只到 while 后的第一个分号处，即将第一条语句作为"循环体语句"，其后的语句不作为"循环体语句"的组成部分。

（3）在循环体中应有使循环趋于结束的语句，如 i++;，以避免"死循环"的发生。

3. 执行流程

（1）计算表达式的值。

（2）若值为真（值为非 0），则执行 while 语句的"循环体语句"，然后转向执行步骤（1）。

（3）若其值为假（值为 0），则结束循环，转到步骤（4）。

（4）循环结束，执行 while 语句后面的一条语句。

while 语句的流程图如图 4-2 所示。

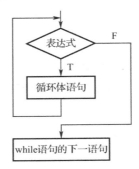

图 4-2　while 语句的流程图

案例分析

例 4.2　用 while 语句编写程序，计算 sum=1+2+3+…+100 的值。

程序代码：

```
#include <stdio.h>
int main()
{
    int i,sum=0;                    //定义两个整型变量，sum 赋初值为 0
    i=1;                            //为循环变量 i 赋初值为 1
    while(i<=100)                   //判断是否进入循环的条件为 i 小于等于 100
    {
        sum+=i;                     //sum 用于存放累加之和
        i++;                        //增量运算，用于修改循环控制变量 i 的值
    }
    printf("1+2+3+…+100=%d\n",sum); //输出结果
    return 0;
}
```

扫一扫看
本例题源
程序代码

运行结果：

```
1+2+3+…+100=5050
```

程序注解：

① "循环体语句"如果包含一条以上的语句，则应该用花括号括起来，作为复合语句。如果不加 { }，则 while 语句的范围只到 while 后面的第一个分号处。例如，本例中 while 循环体语句中如无{ }，则 while 循环体语句只包含 "sum+=i;"。

② 在循环体中应有使循环趋向于结束的语句。例如，本例中的 "i++;"，如无此语句，则 i 的值始终不改变，循环条件表达式 "i<100" 始终成立，循环将永不结束，而进入死循环。

案例分析

例 4.3 计算斐波那契数列的前 18 项，并以 6 个为一行显示输出。斐波那契数列的特点是第一项和第二项为 1，从第三项开始，每一项的值都为其前两项之和，如 1,1,2,3,5,8,13,...

程序代码：

```c
#include <stdio.h>
int main()
{
    int i,f1,f2,f;   //f1 代表数列的前一项，f2 为后一项，f 代表要计算的当前项
    f1=f2=1;                    //该数列的第一、二项均为 1
    printf("%-5d%-5d",f1,f2); //输出数列的第一项和第二项，要求每个数据占 5 列
    i=3;
    while(i<=18)
    {
        f=f1+f2;                 //计算当前项 f，前一项和后一项之和
        printf("%-5d",f);        //输出数列的当前项，要求每个数据占 5 列
        if(i%6==0)printf("\n");  //6 个为一行进行输出
        f1=f2;                   //为计算下一项而准备 f1
        f2=f;                    //为计算下一项而准备 f2
        i++;                     //i 进行增量运算，用于控制循环执行的次数
    }
    return 0;
}
```

运行结果：

```
1    1    2    3    5    8
13   21   34   55   89   144
233  377  610  987  1597 2584
```

程序注解：

① "f1=f2=1;" 语句是为数列的第一项和第二项赋初值 1，作为数列的起步值。

② "f1=f2; f2=f;" 两条语句的顺序不能互换，否则 f2 的值不正确，会导致 f 不正确。思考这是为什么？

③ "printf("%-5d",f);" 语句中%和 d 之间的-5 用于控制数据的输出宽度，并且使输出数据左对齐。

知识延伸

练习 4.2 输入一行字符，分别统计出其中英文字母、空格、数字和其他字符的个数。

扫一扫看本练习题源程序代码

知识延伸

while 语句和 for 语句的比较：while 语句和 for 语句可以相互转换，如图 4-3 所示。

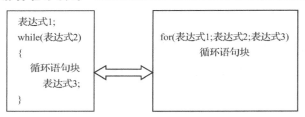

图 4-3   while 语句与 for 语句相互转换关系图

案例分析

例 4.4   输出 100 到 200 之间所有的偶数。（用 while 语句和 for 语句分别实现。）

程序代码：

（1）使用 while 语句实现，代码如下。

```
#include <stdio.h>
int main()
{
    int i;                              //定义变量i
    i=100;                              //为i赋初值为100
    while(i<=200)                       //控制进入循环的条件
    {
        if(i%2==0)   printf("%d ",i);   //判断i是否为2的倍数，若是则输出
        i++;                            //增量运算，用于控制循环执行的次数
    }
    return 0;
}
```

扫一扫看本例题的 while 循环源程序代码

（2）使用 for 语句实现，代码如下。

```
#include <stdio.h>
int main()
{
    int i;
    for(i=100;i<=200;i++)
        if(i%2==0)   printf("%d ",i);
    return 0;
}
```

扫一扫看本例题的 for 循环源程序代码

运行结果：

```
    100 102 104 106 108 110 112 114 116 118 120 122 124 126 128 130 132
134 136 138 140 142 144 146 148 150 152 154 156 158 160 162 164 166 168 170
172 174 176 178 180 182 184 186 188 190 192 194 196 198 200
```

程序注解：

① 判断某个数能否被 2 整除，需要用取余运算符%来实现，如果该数对 2 取余的结果为 0，则说明该数能被 2 整除，该数是偶数；若结果不为 0，则说明该数不能被 2 整除，该

数为奇数。

② while 语句和 for 语句可以相互替换，但在一般问题上，for 语句比 while 语句更为直观、简单、方便。

4.3　do-while 语句

do-while 语句可以实现"直到型"循环结构，其特点是先执行循环体语句，再通过判断表达式的值来决定是否继续执行循环，循环条件的测试放在循环的末尾进行。

📖 知识讲解

1. while 语句的一般语法形式

```
do
   循环体语句
while（表达式）;
```

2. 使用说明

（1）当循环体由多个语句组成时，必须用花括号括起来，构成复合语句。如果不加花括号，则系统会提示语法错误。

（2）"while(表达式);"语句末尾的分号必不可少。

3. 执行流程

（1）执行一次循环体语句。

（2）计算表达式的值，若值为真（非 0），则跳转到步骤（1），继续执行循环体语句；若值为假（0），则跳转到步骤（3）。

（3）循环结束，执行 do-while 语句后面的语句。

do-while 语句的流程图如图 4-4 所示。

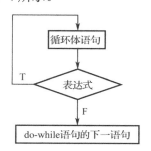

图 4-4　do-while 语句的流程图

🗂 案例分析

例 4.5　用 do-while 语句编程计算 1+2+3+…+100 的值。

程序代码：

```
#include <stdio.h>
int main()
{
    int i,sum=0;                        //定义两个整型变量，sum 赋初值为 0
    i=1;                                //为循环变量 i 赋初值为 1
    do
    {
      sum+=i;                           //sum 用于存放累加之和
      i++;
    }while(i<=100);                     //判断是否进入循环的条件
    printf("1+2+3+…+100=%d\n",sum);     //输出结果
    return 0;
}
```

运行结果：

```
1+2+3+…+100=5050
```

▤ **知识延伸**

练习 4.3　用 do-while 语句编程计算 2+4+6+8+…+200 的和。

扫一扫看本
练习题源程
序代码

▤ **知识延伸**

while 语句和 do-while 语句的比较：对于同一问题，while 语句和 do-while 语句都能处理，两者可以相互转换。while 语句和 do-while 语句处理同一问题时，若二者的循环体部分是一样的，则它们的结果也一样。但当 while 后的表达式一开始就为假（值为 0）时，两种循环的结果是不一样的。while 的循环体语句一次都没有执行，而 do-while 语句的循环体语句将执行一次。

▭ **案例分析**

例 4.6　while 循环和 do-while 循环的比较。

扫一扫看本例题
的 while 循环源
代码

扫一扫看本例题
的 do-while 循环
代码

程序代码：

（1）while 语句代码如下。

```
#include <stdio.h>
int main()
{
int i,sum=0;
    scanf("%d",&i);
    while(i<=10)
    {
      sum+=i;
      i++;
    }
```

（2）do-while 语句代码如下。

```
#include <stdio.h>
int main()
{
    int i,sum=0;
    scanf("%d",&i);
    do
    {
      sum+=i;
      i++;
    }while(i<=10);
```

```
    printf("sum=%d\n",sum);              printf("sum=%d\n",sum);
    return 0;                            return 0;
}                                    }
```

运行结果：

（1）while 语句运行结果如下。　　　　　（2）do-while 语句运行结果如下。

　　1✓　　　　　　　　　　　　　　　　　1✓

运行结果为：　　　　　　　　　　　　　运行结果为：

　　sum=55　　　　　　　　　　　　　　sum=55

再运行一次：　　　　　　　　　　　　　再运行一次：

　　11✓　　　　　　　　　　　　　　　　11✓

运行结果为：　　　　　　　　　　　　　运行结果为：

　　sum=0　　　　　　　　　　　　　　sum=11

程序注解：

① 当输入的 i 值小于等于 10 时，while 语句和 do-while 语句的运行结果相同。

② 当 i 值大于 10 时，（1）中 while 语句一次循环都不能执行，而（2）中 do-while 语句可以执行一次循环，即二者的输出结果不同。

📄 **知识延伸**

练习 4.4　输入一个整数，编程输出该数的位数，用 do-while 语句和 while 语句分别实现。

扫一扫看本
练习题源程
序代码

4.4　循环的嵌套

📄 **知识讲解**

　　一个循环体内又包含了另外一个完整的循环结构，称为循环的嵌套。嵌套在循环体内的循环体称为内循环，外面的循环体称为外循环。如果内循环体中又有嵌套的循环语句，则称为多重循环。按循环层次数，分别称为二重循环、三重循环等。

　　while 循环、do-while 循环和 for 循环，三种循环可以相互嵌套。表 4-1 列出了几种合法的循环嵌套格式。

表 4-1　常用循环嵌套格式

序号	示　例	序号	示　例

1	while( )
	{
	　　while( )
	　　{...}
	}
		2	for(; ;)
			{
			　　for(; ;)
			　　{ ... }
			}

续表

序号	示　例	序号	示　例

3	do
	{
	　　do
	　　{
	　　　…
	　　}while( );
	}while( );
		4	do
			{
			　　while( )
			　　{
			　　　…
			　　}
			}while( );

5	for(; ;)
	{
	　　while( )
	　　{
	　　　…
	　　}
	}
		6	while( )
			{
			　　for(; ;)
			　　{ … }
			}

　　嵌套循环的执行过程：因为内循环是外循环的循环体语句，所以外循环控制变量的值每变化一次，内循环都要执行一个"轮回"，即内循环控制变量的值从"初值"变化到"终值"，也就是说，内循环执行到退出为止。

　　下面以一个二重循环结构来说明嵌套循环的执行过程。

```
for(i=1;i<=2;i++)
    for(j=1;j<=3;j++)
        sum=i+j;
```

　　该程序段的执行过程如表 4-2 所示。

表 4-2　嵌套循环执行示例

外循环控制变量 i	内循环控制变量 j	语句 sum
i=1	j=1	sum=i + j=2
	j=2	sum=i + j=3
	j=3	sum=i + j=4
i=2	j=1	sum=i + j=3
	j=2	sum=i + j=4
	j=3	sum=i + j=5

案例分析

例 4.7　打印九九乘法表。

程序代码：

扫一扫看
本例题源
程序代码

```c
#include <stdio.h>
int main()
```

```
    {
        int i,j;
        printf("-------------------------九九乘法表--------------------------
\n"); for(i=1;i<=9;i++)                //外循环变量 i 取值为 1,2,3,4,5,6,7,8,9
        {
            for(j=1;j<=i;j++)            //i 每取一个值，内循环 j 均取值为 1,2,…,i
                printf("%d*%d=%-3d",i,j,i*j);//输出"i*j=乘积"，并且每个乘积占 3 列
            putchar('\n');               //外循环每结束一次轮回，就换行输出下一行
        }
        return 0;
    }
```

运行结果：

```
-------------------------九九乘法表-------------------------
1*1=1
2*1=2  2*2=4
3*1=3  3*2=6  3*3=9
4*1=4  4*2=8  4*3=12 4*4=16
5*1=5  5*2=10 5*3=15 5*4=20 5*5=25
6*1=6  6*2=12 6*3=18 6*4=24 6*5=30 6*6=36
7*1=7  7*2=14 7*3=21 7*4=28 7*5=35 7*6=42 7*7=49
8*1=8  8*2=16 8*3=24 8*4=32 8*5=40 8*6=48 8*7=56 8*8=64
9*1=9  9*2=18 9*3=27 9*4=36 9*5=45 9*6=54 9*7=63 9*8=72 9*9=81
```

程序注解：

① 内循环变量 j 的取值要在小于等于外循环控制变量 i 的取值范围内，思考为什么？

② 输出乘积时要对数据宽度进行限制，从而实现九九乘法表的整齐排列。

□ **案例分析**

例 4.8　编程输出如下格式的图形。

```
    *
   ***
  *****
 *******
```

扫一扫看
本例题源
程序代码

程序代码：

```
#include <stdio.h>
int main()
{
    int i,j,n;
    for(i=1;i<=4;i++)               //外循环变量 i 用于控制行数
    {
        for(j=1;j<=4-i;j++)         //内循环用于控制每行开始时需要输出的空格数
            putchar(' ');           //输出空格
```

```
        for(j=1;j<=2*i-1;j++)      //控制每行需要输出的"*"的个数
          putchar('*');
        putchar('\n');             //输出"*"后换行，为下一行输出做准备
    }
    return 0;
}
```

编程练习

练习 4.5　编程计算由 3、4、5、6 这 4 个数字能组成多少种个位和十位互不相同的两位数，并输出这些数。

扫一扫看本练习题源程序代码

4.5　break 语句和 continue 语句

一般而言，循环只能在循环条件不成立的情况下退出循环，可有时希望提前结束循环或循环体语句还未全部执行完毕就重新执行下一轮循环，想要实现这样的功能，就要用到 break 语句和 continue 语句。

4.5.1　break 语句

扫一扫看 break 语句、continue 语句课教案设计

知识讲解

第 3 章中学过 break 语句可以用在 switch 结构中，使流程跳出 switch 结构，继续执行 switch 语句后面的语句。break 语句也可以用在循环结构中，用于使程序从循环体内跳出，转向执行该循环结构后面的语句。

1. break 语句的一般形式

```
break;
```

2. 使用说明

（1）通常，break 语句总是与 if 语句的条件判断联系在一起的，即满足某条件时便跳出循环。

（2）break 语句只能跳出其所在的那一层循环，即在多层循环中，break 语句只向外跳一层，而不能一下跳出最外层。

案例分析

例 4.9　编写程序，判断一个数是否为素数。
程序代码：

扫一扫看本例题源程序代码

```
#include <stdio.h>
#include <math.h>              //要使用平方根函数 sqrt，就需要加头文件 math.h
int main()
{
```

```
    int i,n,flag;              //定义 3 个整型变量
    scanf("%d",&n);            //输入要判断的整数 n
    flag=0;                    //设置一个初值为 0 的标记 flag
    for(i=2;i<=sqrt(n);i++)    //对 2,3,…,sqrt(n) 之间的数进行取余运算
    {
        if(n%i==0)
        {
            flag=1;            //检测到有能被 i 整除的数据时，标记 flag 变为 1
            break;             //检测到有能被整除的数据时，循环终止
        }
    }
    //循环结束后检测标记 flag 的值，若保持原值不变，则判定该数为素数
    if(flag==0)
        printf("%d 是素数\n",n);
    //若标记 flag 变为 1，则判定该数不是素数
    else
        printf("%d 不是素数\n",n);
    return 0;
}
```

运行结果：

```
11✓
11 是素数
24✓
24 不是素数
```

程序注解：

① 通常，break 语句总是与 if 语句的条件判断联系在一起的，即满足某条件时便跳出循环。此例中当 n 遇到能被整除的数时，就能"一票否决"，把 n 判断为非素数。

② break 语句功能非常强大，能强制结束循环。

□ **案例分析**

例 4.10　编写程序，输出 100～200 中所有的素数。
程序代码：

扫一扫看
本例题源
程序代码

```
#include <stdio.h>
#include <math.h>                //要使用平方根函数 sqrt，就需要加头文件 math.h
int main()
{
    int i,j,flag;
    for(i=100;i<=200;i++)        //对 100～200 中的每个数进行判断
    {
        flag=0;                  //设置一个初值为 0 的标记 flag
        for(j=2;j<=sqrt(i);j++)     //对 2,3,…,sqrt(n) 之间的数进行取余操作
            if(i%j==0)
```

```
        {
            flag=1;              //检测到有能被 i 整除的数据时，标记 flag 变为 1
            break;               //循环终止，该 break 语句终止的是内循环 for 语句
        }
        //内循环轮回结束后检测标记 flag 的值，如保持原值不变，则判断该数为素数
        if(flag==0)
            printf("%d ",i);
    }
    return 0;
}
```

运行结果：

```
    101 103 107 109 113 127 131 137 139 149 151 157 163 167 173 179 181
191 193 197 199
```

程序注解：

在嵌套循环中，break 语句仅能把直接包含它的循环结束。在本例中，break 结束的是内层循环。

编程练习

练习 4.6　编写程序，求两个正整数的最大公约数和最小公倍数。

扫一扫看本练习题源程序代码

4.5.2　continue 语句

continue 语句的作用是结束本次循环，即跳过"循环体语句"中后面尚未执行的语句，并进行下一次是否执行循环的判定，如果判定的结果是仍然能执行循环体，则再次进入循环执行"循环体语句"。

知识讲解

1. continue 语句的一般形式

```
continue;
```

2. 使用说明

（1）continue 语句只能用在 while 语句、do-while 语句和 for 语句中，通常与 if 语句联系在一起，起到了加速循环的作用。

（2）continue 语句与 break 语句的区别：continue 语句只结束本次循环，接着进行下一次是否执行循环的判定，而不能终止整个循环；break 语句则直接结束整个循环过程，不再去判断循环是否能再次执行。

案例分析

例 4.11　编写程序，输出 10～20 中不能被 3 整除的数。

程序代码：

```
#include <stdio.h>
int main()
{
    int n;
    for(n=10;n<=20;n++)              //在10~20中检测满足条件的数
    {
        if(n%3==0)continue;         //当能被3整除时，结束本次循环
        printf("%d ",n);            //当不能被3整除时，输出该数
    }
    putchar('\n');                  //数据输出处理结束后，输出一个换行标记
    return 0;
}
```

扫一扫看
本例题源
程序代码

运行结果：

```
10 11 13 14 16 17 19 20
```

程序注解：

① 当 n 能被 3 整除时，执行 continue 语句，结束本次循环，跳出 printf 函数语句；只有 n 不能被 3 整除时才执行 printf 函数，输出 n 的值。

② 此例中的循环体也可以改为一条语句，即 if(n%3!=0) printf("%d ",n)。

□ **案例分析**

例 4.12 求输入的十个整数中正数的个数。
程序代码：

扫一扫看
本例题源
程序代码

```
#include <stdio.h>
int main()
{
    int i,n,count=0;        //定义3个整型变量，其中count用于记录正数的个数
    for(i=1;i<=10;i++)      //i用于控制循环的次数
    {
        scanf("%d",&n);     //输入整数，循环10次，实现输入10个整数的功能
        if(n<=0) continue;  //若输入的数为非正数，则结束本次循环
        count++;            //记录正数的个数
    }
    printf("这十个整数中正数的个数为%d\n",count);  //输出正数的个数
    return 0;
}
```

运行结果：

```
1 2 3 -4 5 -6 7 -8 0 9↙
这十个整数中正数的个数为5
```

再运行一次：

```
-23  4  6  -90  0  0  0  8  65  -34✓
这十个整数中正数的个数为4
```

程序注解：

① 当 n 是负数或零时，执行 continue 语句，结束本次循环，计数语句 "count++;" 不执行，只有 n 为正数时，才可以执行 "count++;" 语句实现计数。

② 此例中的循环体 "if(n<=0) continue; count++;" 也可以改为语句 "if(n>0) count++;"。

◻ 编程练习

练习 4.7 编写程序，求输入的十个正整数中偶数的个数（用 continue 语句实现）。

扫一扫看本练习题源程序代码

本章小结

本章全面讲述了 C 语言中几种常用循环结构的使用方法。在 C 语言中，用 while 语句、do-while 语句和 for 语句均能实现一重循环结构以及多重循环结构，结合使用 break 语句、continue 语句，还可以改变程序的执行流程，提前退出循环或提前结束本次循环。在解决问题时，要根据实际情况选择不同的循环语句，实现循环结构程序设计。

习题 4

扫一扫看本习题参考答案

一、填空题

1. 如果循环无休止地进行下去，那么这种状态称为_____。

2. 以下程序段的循环执行次数为_____次。

```
i=10;
while(i=0)
    printf("*");
```

3. 以下程序执行后的输出结果为_____。

```
#include <stdio.h>
int main()
{
    int i;
    for(i=0;i<3;i++)
      switch(i)
      {
        case 1:printf("%d",i);
        case 2:printf("%d",i);
        default:printf("%d",i);
      }
```

```
        return 0;
    }
```

4. 下面程序的功能是输出 100 以内能被 3 整除且个位是 6 的所有整数，请将程序补充完整。

```
#include <stdio.h>
int main()
{
    int i;
    for(i=1;_____;i++)
    {
        if(i%3==0&&_____)
            printf("%d ",i);
    }
    return 0;
}
```

5. 以下程序的执行结果为_____。

```
#include <stdio.h>
int main()
{
    int x=23;
    do
    {
      printf("%d",x--);
    }while(!x);
    return 0;
}
```

6. 以下程序的功能是计算 1-3+5-7+…-99+101 的值，请将程序补充完整。

```
#include <stdio.h>
int main()
{
    int i,t=1,sum=0;
    for(i=1;i<=101;i+=2)
    {
        sum=sum+_____;
        _____;
    }
    printf("%d\n",sum);
    return 0;
}
```

二、编程题

1. 编程输出所有的水仙花数，并输出水仙花数的总个数。水仙花数是指一个 3 位数，它的每个位上的数字的 3 次方之和等于它本身。例如，$1^3+5^3+3^3=153$，则 153 是一个水仙花数。

2．有一分数序列：

$$\frac{2}{1}+\frac{3}{2}+\frac{5}{3}+\frac{8}{5}+\frac{13}{8}+\frac{21}{13}+\cdots$$

求出这个数列的前 20 项之和。

3．编程求下面数列的结果：

$$1-\frac{1}{2}+\frac{1}{3}-\frac{1}{4}+\cdots-\frac{1}{49}+\frac{1}{50}$$

4．编程求解 $S_n=a+aa+\cdots+a\cdots a$，其中 a 是 1～9 中的一个整数，n 为正整数，a 和 n 均从键盘输入。（例如，输入 n 为 5，a 为 8，则 $S_n=8+88+888+8888+88888$。）

5．编程输出下面的图形。

```
        *
       ***
      *****
     *******
      *****
       ***
        *
```

6．编程输出下面的图形。

```
          1
         1 2 1
        1 2 3 2 1
       1 2 3 4 3 2 1
      1 2 3 4 5 4 3 2 1
     1 2 3 4 5 6 5 4 3 2 1
```

7．一个数如果恰好等于它的因子之和，这个数就称为"完数"。例如，6 的因子为 1、2、3，而 6=1+2+3，因此 6 是"完数"。编程输出 1000 以内所有的完数。

8．一球从 100 m 的高度自由落下，每次落地后反弹回原高度的一半，再落下。求它在第 10 次落地时，共经过多少米？第 10 次反弹多高？

9．百钱买百鸡问题：公鸡 5 元一只，母鸡 3 元一只，小鸡一元 3 只，要求用一百元买一百只鸡。编程输出所有的方案。

第5章

数 组

知识目标

- 了解数组的定义
- 掌握一维数组的定义和使用方法
- 掌握二维数组的定义和使用方法
- 掌握字符数组和字符串的应用
- 掌握常用字符串处理函数的使用

能力目标

- 能够正确使用一维和多维数组
- 能够熟练使用数组解决实际问题
- 能够使用数组处理字符串

5.1 一维数组

扫一扫看一维数组的定义和引用课教案设计

5.1.1 一维数组的定义

C 语言提供了一种数据类型，称为数组，它是一组用来存放多个相同类型数据的有序集合。根据数组中存放数据的类型的不同，数组可以分为整型数组、实型数组、字符型数组等。数组中的每个数据称为数组元素，每个数组元素所对应的位置序号称为数组元素的下标。

通过数组名和一个下标可唯一确定的数组称为一维数组。

🔲 **知识讲解**

一维数组定义的一般形式如下：

> **数据类型 数组名[数组长度];**

说明：数据类型必须是一个有效的 C 语言数据类型，如 char、int、float、double 等，数组名必须是合法有效的标识符，数组长度一般为常量表达式，表示数组元素的个数。

例如，要说明一个包含 10 个 int 型元素的数组，说明语句如下：

```
int a[10];
```

5.1.2 一维数组的初始化

数组在定义后，如果没有给每个元素赋值，那么每个元素的值是不确定的。对一个一维数组元素赋初值就是进行一维数组的初始化。

🔲 **知识讲解**

一维数组初始化的一般形式如下：

> **数据类型 数组名[数组长度]={值,值,……值};**

说明：这种方式只能在数组定义的同时进行，初始化时"="后面的{}不能省略，{}中的每个值直接用","隔开，并且{}中值的个数不能超过数组长度。

一维数组初始化的实现方式有以下几种。

（1）在定义数组时对全部数组元素赋初值，例如：

```
int a[10]={1,2,3,4,5,6,7,8,9,10};
```

这种方式按顺序对每一个元素进行赋初值。

（2）可以对部分数组元素赋初值，例如：

```
int a[10]={1,2,3,4,5,6};
```

这种方式表示给数组中的前 6 个元素提供了初值，剩下的元素默认赋值为 0。

（3）给全部元素赋初值为 0，例如：

```
int a[10]={0};
```

这种方式表示给数组中的全部元素赋初值为 0。

（4）对全部元素赋初值时，可以不指定数组长度，例如：

```
int a[]={1,2,3,4,5};
```

在定义数组时，如果省略了数值长度，则 {} 中值的个数即为该数组长度。如上例表示定义了一个长度为 5 的数组，并对每一个元素赋了初值。

注意： 在定义数组时，如果没有对数组赋初值，则不能省略数组长度。

▣ 知识延伸

在给部分数组元素赋初值时，如果是整型数组，则未被赋值的元素初值为 0；如果是字符型数组，则未被赋值的元素的初值为'\0'，'\0'对应的 ASCII 码值为 0，例如：

```
int a[5]={1,2,3};          等价于   int a[5]={1,2,3,0,0};
char c[5]={'a','b','c'};    等价于   char c[5]={'a','b','c','\0','\0'};
```

5.1.3　一维数组元素的引用

数组在定义后，可以对数组元素进行引用，数组元素的引用由数组名和下标确定，下标用于确定该数组元素在数组中的存储位置，数组中的每一个元素其实就相当于一个变量，所以有时也把数组元素称为下标变量，对变量的一切操作同样适用于数组元素。

▣ 知识讲解

一维数组元素引用的一般形式如下：

数组名[下标];

说明：下标是一个整型值，可以是整型常量、整型变量，也可以是整型表达式。下标有一定的取值范围，该范围由数组定义的长度决定，如果数组的长度为 n，则下标的取值是从 0 到 n-1 的正整数，包含 0 和 n-1，特别注意的是不包含 n。

例如，定义了一个长度为 8 的数组

```
int a[8];
```

若要引用该数组中的第 1 个元素，实现方法为 a[0];

若要引用该数组中的第 2 个元素，实现方法为 a[1];

……

若要引用该数组中的第 8 个元素，实现方法为 a[7]。

注意： 数组和变量一样，要先定义后使用，并且数组元素只能逐个引用，不能一次引用整个数组，在数组引用过程中要注意不能下标越界。

□ **案例分析**

例 5.1 现要在网上购买 6 本书，希望分别记录 6 本书的价格，并计算出 6 本书的总价格。请编程实现，输入 6 本书的价格，并计算其总值。

程序代码：

```
#include <stdio.h>
int main(){
    int i;
    float item[6]={0.0}, total=0.0; //定义长度为6的float型数组，用于存储6
                                     //本书的价格
    printf("请分别输入6本书的价格：");
    for(i=0;i<6;i++)
    {
        scanf("%f", &item[i]);        //从控制台依次读入价格
        total = total + item[i];      //累加计算合计费用
    }
    printf("合计费用：%f\n", total);
    return 0;
}
```

扫一扫看
本例题源
程序代码

运行结果：

```
请分别输入6本书的价格：34.5  56.3  67.9  86.3  91  121✓
合计费用：457.000000
```

程序注解：

① 根据实际情况，价格可能是小数，但一般只保留一位小数，存储价格的变量使用 float 类型，因此定义了一个长度为 6 的 float 型数组来存储 6 本书的价格，同时定义了一个 float 变量来存储合计费用的值。

② 利用循环依次存储 6 本书的价格，把循环变量 i 作为数组的下标，i 从 0 开始，一直到 5 结束，总共循环了 6 次，每次循环存储一个价格，循环条件可以写成 i<6 或 i<=5。

③ 语句 scanf("%f", &item[i]);是将从控制台输入的价格存储到对应下标的数组元素中，如第 1 次循环时，将价格 34.5 存储到了数组元素 item[0]中，第 2 次循环时，将价格 56.3 存储到了数组元素 item[1]中，以此类推，直到 6 个价格都存储到数组元素中为止。

④ 语句 total = total + item[i];是将数组元素的值和 total 的值相加，再赋值给 total，即实现了对价格的累加。

例 5.2 要求输入 10 个整数，并将其保存在一个数组中，在数组中查找某个数，如果找到了，则输出该数在数组中所处的位置；如果找不到，则输出"没有找到！"。

程序代码：

```
#include <stdio.h>
int main(){
    int i, num[10]={0}, search;
```

扫一扫看
本例题源
程序代码

```
        printf("请输入 10 个数：");
        for(i=0;i<10;i++)                   //循环输入 10 个整数
                scanf("%d",&num[i]);
        printf("请输入要查找的数：");
        scanf("%d",&search);                //将要查找的数存储在变量 search 中
        for (i=0;i<10;i++)
        {
                if (num[i]==search)         //如果数组中某一元素值等于 search，则循环结束
                        break;
        }
        if(i<10)
                printf("在数组的第 %d 个位置找到了数字 %d !\n",i+1,search);
        else
                printf("没有找到!\n");
        return 0;
}
```

运行结果：

请输入 10 个数：12 2 4 54 25 23 5 32 6 44↙
请输入要查找的数：5↙
在数组的第 7 个位置找到了数字 5 !

程序注解：

① 语句 if (num[i]==search) break;表示当某一数组元素和 search 相等时，即找到了要找的数字，利用 break 语句结束循环，而本次 i 的值即对应要找的元素的下标；如果没有找到，则循环会执行 10 次后结束，此时 i=10。

② 语句 printf("在数组的第 %d 个位置找到了数字 %d !\n",i+1,search);输出的是找到的元素的位置，而不是下标，因此需要将下标 i 加 1，即 i+1。

编程练习

练习 5.1　编程实现，由键盘输入 12 个整数，输出其中的最大值。

扫一扫看本
练习题源程
序代码

知识延伸

数组名是数组存储的首地址。之前讲过要表示变量 a 的存储地址需在前面加 "&"，即 &a 表示变量 a 的存储地址，数组是多个相同数据类型的数据的有序集合，每个数组元素都可以看做一个变量，则每个数组元素的存储地址也是在数组元素前加 "&"。例如，有数组 int s[10]，则其第一个元素的存储地址为&s[0]，这个地址即为数组存储的首地址，同时数组存储位置的首地址也可以用数组名表示，即&s[0]==s，如 scanf("%d",&s[0]);和 scanf("%d",s);是等价的。

扫一扫看二维数组的定义和引用课教案设计

5.2　二维数组

5.2.1　二维数组的定义

C 语言支持多维数组，多维数组中最简单的形式即为二维数组。

⬛ 知识讲解

二维数组定义的一般形式如下：

> 数据类型　数组名 [第一维长度] [第二维长度];

说明：二维数组在数组名后有两个[]，第一维长度和第二维长度一般为常量表达式，第一维长度相当于表格中的行数，第二维长度相当于表格中的列数。

例如，要说明一个包含 3 行 4 列的 int 型数组，说明语句如下：

```
int a[3][4];
```

注意：不要写成 int a[3,4];。

5.2.2　二维数组的初始化

对二维数组元素赋初值就是进行二维数组的初始化。

⬛ 知识讲解

二维数组初始化的一般形式如下：

> 数据类型　数组名 [第一维长度] [第二维长度]={值,值,……值};

说明：初始化时"="后面的{}不能省略，{}中的每个值直接用","隔开，并且{}中值的个数不能超过第一维长度和第二维长度的乘积。

二维数组初始化的实现方式有以下几种。

（1）可以分行对数组元素赋初值，例如：

```
int a[3][4]={{1,2,3,4},{5,6,7,8},{9,10,11,12}};
```

（2）可以将所有值写在一个{}中，例如：

```
int a[3][4]={1,2,3,4,5,6,7,8,9,10,11,12};
```

（3）可以给部分元素赋初值，例如：

```
int a[3][4]={{1,2},{5},{9}};
```

或者

```
int a[3][4]={{1,2},{5}};
```

或者

```
int a[3][4]={1,2};
```

（4）如果对全部元素赋初值，则可以省略第一维长度，例如：

```
int a[][4]={1,2,3,4,5,6,7,8,9,10,11,12};
```

（5）如果分行赋初值，则可以省略第一维长度，例如：

```
int a[][4]= {{1,2},{},{9}};
```

注意：如果按行赋初值，则里面一层{}的个数不能超过第一维长度，且每一个里层的{}中的值的个数不能超过第二维长度。当对二维数组赋初值时，第一维长度可省略，第二维长度必须指定。

5.2.3 二维数组元素的引用

二维数组元素的引用由数组名、第一维下标和第二维下标来确定。

知识讲解

二维数组元素引用的一般形式如下：

数组名[第一维下标] [第二维下标]；

说明：第一维下标和第二维下标都是一个整型值，它可以是整型常量、整型变量，也可以是整型表达式。第一维下标的取值范围由第一维长度决定，第二维下标的取值范围由第二维长度决定，如第一维长度为 n，则第一维下标的取值是从 0 到 n-1；如第二维长度为 m，则第二维下标的取值是从 0 到 m-1。

例如，有 int a[3][4];，则：

该数组中第 1 行的第 1 个元素为 a[0][0]；

该数组中第 1 行的第 2 个元素为 a[0][1]；

该数组中第 1 行的第 3 个元素为 a[0][2]；

该数组中第 1 行的第 4 个元素为 a[0][3]；

该数组中第 2 行的第 1 个元素为 a[1][0]；

……

该数组中第 3 行的第 3 个元素为 a[2][2]；

该数组中第 3 行的第 4 个元素为 a[2][3]。

案例分析

例 5.3 定义一个 2 行 3 列的整型数组，从控制台输入数组元素的值，并输出。

程序代码：

```
#include <stdio.h>
int main()
```

扫一扫看
本例题源
程序代码

```c
{
    int i,j,num[2][3];
    printf("请输入6个数: ");
    for(i=0;i<2;i++){
        for(j=0;j<3;j++){
            scanf("%d",&num[i][j]);
            //利用循环将输入的数据存储到对应的数组元素中
        }
    }
    for(i=0;i<2;i++){
        for(j=0;j<3;j++){
            printf("%d ",num[i][j]);    //将数组元素输出
        }
        printf("\n");
    }
    return 0;
}
```

运行结果:

请输入6个数: 3 2 4 5 6 7✓
3 2 4
5 6 7

程序注解:

① 此例中定义了两个int型变量i和j,分别用于控制二维数组的两个下标,i用于控制第一维下标,j用于控制第二维下标。

② 利用循环的嵌套实现对二维数组元素的遍历,外循环i从0到1,循环2次,内循环j从0到2,循环3次。当i=0的时候,通过内循环遍历了数组第1行的所有元素;当i=1的时候,通过内循环遍历了数组第2行的所有元素。

编程练习

练习5.2 表5-1所示为3位学生的语文、英语、数学成绩,要求分别计算每位学生的课程总分和各课程的平均分。

表5-1 学生的成绩

姓　名	语　文	英　语	数　学
张三	87	92	65
李四	98	88	79
王五	76	62	54

扫一扫看本
练习题源程
序代码

知识延伸

之前说过一维数组的数组名是数组存储的首地址,这个说法在多维数组中也成立。例如，有二维数组 int a[3][10]，以下表达式的结果都为真。

```
a==&a[0][0]
a==a[0]
a[0]==&a[0][0]
a[1]==&a[1][0]
a[2]==&a[2][0]
```

5.3　字符数组和字符串的应用

扫一扫看字
符数组课教
案设计

5.3.1　字符数组的定义

在 C 语言中，数组既可以用来存储数字，也可以用来存放字符数据，其中用来存放字符数据的数组称为字符数组。在字符数组中，每一个元素都是字符，其定义方式和整型数组的定义方式类似。

　　知识讲解

字符数组定义的一般形式如下：

char 数组名[数组长度];

说明：字符数组的数据类型是 char。

例如，说明一个长度为 5 的字符数组，说明语句为 char ch[5];。

例如，说明一个 5 行 4 列的字符数组，说明语句为 char ch[5][4];。

5.3.2　字符数组的初始化

字符数组的初始化和整型数组类似。

　　知识讲解

字符数组初始化的一般形式如下：

char 数组名[数组长度]= {值,……,值};

字符数组初始化的实现方式有以下几种。

（1）定义字符数组的同时用字符为其赋初值，例如：

```
char ch[5]={'H','e','l','l','o'};
```

（2）定义字符数组的同时用字符串为其赋值，例如：

```
char ch[6]={"happy"};
```

等价于

```
char ch[6]="happy";
```

h	a	p	p	y	\0

这种赋值方式会在字符串的最后自动加上字符串结束标记'\0'，如果采用这种赋值方式，则必须考虑'\0'的位置。因此，定义数组长度时必须在原字符串长度上加 1，如"happy"字符串长度为 5，如果将这个字符串赋值给一个字符数组，则这个字符数组的长度必须大于等于 6。

（3）定义二维字符数组的同时用字符串赋值，例如：

```
char str[3][10]={"keyboard","mouse","monitor"};
```

k	e	y	b	o	a	r	d	\0	\0
m	o	u	s	e	\0	\0	\0	\0	\0
m	o	n	i	t	o	r	\0	\0	\0

用字符串给字符数组赋值时，剩余的位置会用'\0'填补。

5.3.3　字符数组元素的引用

字符数组元素的引用和整型数组一样，可利用数组名和下标来引用。

🗋 **知识讲解**

字符数组元素引用的一般形式如下：

> **数组名[下标];**

字符数组存放的是字符，它的每个元素都是一个字符。

例如，定义了一个长度为 8 的字符数组，char ch[8]="hello"，要引用该数组中的第 1 个元素，实现方法为 ch[0]。

5.3.4　字符数组的输入输出

🗋 **知识讲解**

字符数组可以用字符赋值，也可以用字符串赋值，因此，输入和输出字符数组的值时也可以使用两种不同的方式。

（1）用"%c"将字符数组的元素逐个输入或输出，例如：

```
scanf("%c",&ch[i]);
printf("%c",ch[i]);
```

（2）用"%s"将字符数组的元素以整个字符串的形式输入或输出，例如：

```
scanf("%s",ch);
printf("%s",ch);
```

案例分析

例 5.4　用 "%c" 将字符数组中的元素进行逐个输入或输出。

程序代码：

```
#include <stdio.h>
int main()
{
    int i;
    char ch[6];
    for(i=0;i<sizeof(ch)/sizeof(char);i++){//利用循环依次输入输出数组元素
        scanf("%c",&ch[i]);              //用%c输入字符数组的第 i 个元素
        printf("%c",ch[i]);             //用%c输出字符数组的第 i 个元素
    }
    return 0;
}
```

扫一扫看
本例题源
程序代码

运行结果：

```
hello✓
hello
```

程序注解：

sizeof(ch)/sizeof(char)用于计算字符数组的长度。输入的字符个数不能超过数组定义的长度，如果超过了，则超过部分不会存入数组。如上述程序运行时，在控制台输入字符串 "I like apple"，则只会输出 "I like"。注意：空格也是一个字符。

例 5.5　用 "%s" 将字符数组的元素以整个字符串的形式输入或输出。

程序代码：

```
#include <stdio.h>
int main()
{
    char ch[6];
    scanf("%s",ch);     //用%s把字符串存入字符数组中
    printf("%s",ch);     //用%s把字符数组作为字符串输出
    return 0;
}
```

扫一扫看
本例题源
程序代码

运行结果：

```
hello✓
hello
```

程序注解：

printf("%s",ch);中的 ch 是字符数组的数组名。用 "%s" 的方式输出字符数组时，printf 中的输出项参数用数组名，而不是数组元素，这样在输出时会从数组的第一个元素开始依

次向后输出，直到出现第一个'\0'结束。

如果在给字符数组赋初值时，采用字符为其赋初值，如 char ch[ ]={'H','e','l','l','o'}，则用 %s 输出时，会有不可预期的字符输出，这是因为这种方式赋初值不会自动在字符串最后加上'\0'，系统在输出最后一个元素'o'后，会继续向后读取下一个存储空间的内容，直到遇到'\0'时才输出结束。

用 "%s" 的方式输入字符数组时，系统会自动在字符串后加上'\0'，因此，在定义字符数组时需要考虑'\0'的存储位置，即输入的字符串长度应小于数组长度。

总之，在用 "%s" 的方式输入字符串给字符数组赋值时，输入的字符串长度应小于数组长度。

例 5.6 用多个 "%s" 同时输入多个字符串，并将其分别赋值给不同的字符数组。
程序代码：

```
#include <stdio.h>
int main()
{
    char ch1[10],ch2[10],ch3[10];
    scanf("%s%s%s",ch1,ch2,ch3); //同时输入 3 个字符串并赋值给对应的字符数组
    printf("%s\n%s\n%s",ch1,ch2,ch3);
    return 0;
}
```

扫一扫看本例题源程序代码

运行结果：

```
How are you?✓
How
are
you?
```

程序注解：

scanf("%s%s%s",ch1,ch2,ch3);可以同时给 3 个字符数组赋值，在输入时，以空格键或回车键为标志。输入一个字符串后，按空格或回车键表示该字符串输入结束，接下来输入的是下一个字符数组的字符串。

▢ **编程练习**

扫一扫看本练习题源程序代码

练习 5.3 分析下列程序的运行结果。

```
#include <stdio.h>
int main()
{
    char ch1[20]="How are you";
    char ch2[][10]={"How","are","you"};
    printf("%s\n",ch1);
    printf("%s\n",ch2);
    return 0;
}
```

5.3.5 常用的字符串处理函数

知识讲解

C语言的函数库中提供了一些用来处理字符串的函数，下面介绍几个常用的字符串函数。

1. 输出字符串的函数：puts 函数

形式：puts (字符数组)；

功能：将一个字符串输出到控制台上。

例如：
```
char str[20]= "China";
puts(str);
```

输出：China

2. 输入字符串的函数：gets 函数

形式：gets (字符数组)；

功能：输入一个字符串到字符数组中。

例如：
```
char str[20];
gets(str);
```

输入：China√

注意：使用以下字符串函数时，要在程序开头引用#include <string.h>。

3. 字符串连接函数：strcat 函数

形式：strcat(字符数组1，字符数组2)；

功能：把两个字符串连接起来，把字符串2接到字符串1的后面，结果放在字符数组1中。

例如：
```
char str1[30]= "hello";
char str2[]="world";
printf("%s", strcat(str1,str2));
```

输出：helloworld

注意：字符数组1的长度要足够大才能存储字符串1和字符串2连接后形成的新字符串。

4. 字符串复制：strcpy 函数

形式：strcpy(字符数组1,字符串2)；

功能：将字符串2复制到字符数组1中。

例如：
```
char str1[10],str2[]="China";
strcpy(str1,str2);
printf("%s", str1);
```

输出：China

注意：strcpy 函数的第一个参数传送的是数组名，即存储空间的首地址，第二个参数可以是数组名，也可以是字符串常量。

5. 字符串比较函数：strcmp 函数

形式：strcmp(字符串 1，字符串 2);

功能：比较字符串 1 和字符串 2 的关系，当字符串 1>字符串 2 时，返回正数；当字符串 1=字符串 2 时，返回 0；当字符串 1<字符串 2 时，返回负数。

例如：strcmp("China","Korea");

返回值：-1

注意：字符串进行比较时，其实比较的是字符的 ASCII 码值。

6. 求字符串长度的函数：strlen 函数

形式：strlen (字符数组);

功能：返回字符串长度，即返回字符数组中有效字符个数，不包括'\0'。

例如：char str[10]="China";
 printf("%d",strlen(str));

输出： 5

▢ 案例分析

例 5.7 输入 5 个字符串，找出其中最大的字符串。
程序代码：

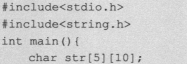

扫一扫看
本例题源
程序代码

```c
#include<stdio.h>
#include<string.h>
int main(){
    char str[5][10];        //定义了一个二维字符数组，用来存储 5 个字符串
    char max[10];           //定义了一个一维字符数组，用来存储最大的字符串
    int i;
    for (i=0;i<5;i++){
        gets(str[i]);       //从控制台获取字符串
    }
    strcpy(max,str[0]);     //将第 1 个字符串复制到 max 字符数组中
    for(i=1;i<5;i++) {
/*从第 2 个元素开始，依次和 max 中的字符串进行比较，如果其比 max 中的字符串大，则将
其复制到 max 字符数组中 */
        if(strcmp(str[i],max)>0)
            strcpy(max,str[i]);
    }
    printf("最大的字符串是\n%s\n",max);
```

```
        return 0;
    }
```

运行结果：

```
China↙
France↙
Spain↙
Korea↙
India↙
最大的字符串是
Spain
```

程序注解：

① char str[5][10];定义了一个二维字符数组，用来存储 5 个字符串；char max[10];定义了一个一维字符数组，用来存储最大的字符串。

② 首先把第一个字符串 str[0]复制给字符数组 max，然后对 str[1]和 max 进行比较，如果 str[1]中的字符串大，则把 str[1]复制到 max 中；再对 str[2] 和 max 进行比较，如果 str[2]中的字符串大，则把 str[2]复制到 max 中，以此类推，一直到 str[4]和 max 进行比较。如果 str[4]中的字符串大，则把 str[4]复制到 max 中，最后，max 中存放的就是最大的一个字符串。

编程练习

练习 5.4　输入一行字符，统计其中有多少个单词，单词之间用空格分隔。

扫一扫看本练习题源程序代码

5.4　数组排序

在日常生活中，排序是一种很重要的活动，如对成绩进行排序、对年龄进行排序等。下面介绍两种比较经典的排序算法：冒泡排序和选择排序。

5.4.1　冒泡排序

冒泡排序可以将数组中每个元素看做气泡，按照轻的气泡在重的气泡的上面的原则对每个气泡进行扫描，只要不符合这个原则的气泡就向上走，如此反复进行，直到所有气泡都符合这个原则为止。

知识讲解

有一个整型数组 int a[6]，要对其中的元素进行排序，使用冒泡排序算法的步骤如下。

（1）从 a[0]至 a[5]，依次对两个相邻的元素进行比较，即 a[0]与 a[1]比较、a[1]与 a[2]比较、…、a[4]与 a[5]比较，如果左侧大于右侧，则交换两个元素的值；否则，不交换（即大者下沉、小者上浮），结果是将其中最大的数交换到 a[5]中。

（2）从 a[0]至 a[4]，依次对两个相邻的元素进行比较，即 a[0]与 a[1]比较、a[1]与 a[2]比较、…、a[3]与 a[4]比较，如果左侧大于右侧，则交换两个元素的值，结果是将 a[0]至 a[4]

中最大的数交换到 a[4]中。

（3）以此类推，从 a[0]至 a[k]，则 a[0]与 a[1]比较、a[1]与 a[2]比较、…、a[k-1]与 a[k]比较。如果左侧大于右侧，则交换两个元素的值，结果是将最大者交换到 a[k]中，直至 k<1时停止。

（4）最后，数组 a 中的数据会按从小到大的顺序进行排列。

如果数组 a 中元素值为 65，75，29，50，81，36，则按照上述方法进行排序的步骤如下。

第一轮：从 a[0]至 a[5]，依次对两个相邻的元素进行比较。

第 1 次，65 和 75 比较，65 小于 75，不变。

65	75	29	50	81	36

第 2 次，75 和 29 比较，75 大于 29，交换。

65	29	75	50	81	36

第 3 次，75 和 50 比较，75 大于 50，交换。

65	29	50	75	81	36

第 4 次，75 和 81 比较，75 小于 81，不变。

65	29	50	75	81	36

第 5 次，81 和 36 比较，81 大于 36，交换。

65	29	50	75	36	81

第二轮：从 a[0]至 a[4]，依次对两个相邻的元素进行比较。

29	50	65	36	75	81

第三轮：从 a[0]至 a[3]，依次对两个相邻的元素进行比较。

29	50	36	65	75	81

第四轮：从 a[0]至 a[2]，依次对两个相邻的元素进行比较。

29	36	50	65	75	81

最后，从 a[0]至 a[1]，依次对两个相邻的元素进行比较。

29	36	50	65	75	81

□ **案例分析**

例 5.8　输入 6 个数，用冒泡排序法对其进行排序。

程序代码：

```c
#include<stdio.h>
int main()
{
    int a[6], i, j, temp;
    printf("输入 6 个整数：");
    for(i=0; i<=5; i++)
        scanf("%d",&a[i]);           //输入 6 个整数
    for(i=0; i<=4; i++)              //冒泡排序共有 5 轮
    {
        for(j=0; j<=5-i-1; j++)      //第 i 轮冒泡，将最值移至 a[5-i]中*/
        {
            if(a[j]>a[j+1])          //如果前面的数大，则交换
            {
                temp =a[j];
                a[j] =a[j+1];
                a[j+1] =temp;
            }
        }
    }
    printf("排序结果：");
    for(i=0; i<=5; i++)
        printf("%d\t", a[i]);        //输出结果
    return 0;
}
```

扫一扫看
本例题源
程序代码

运行结果：

```
输入 6 个整数：34  87  67  58  21  62✓
排序结果：21       34       58       62       67       87
```

程序注解：

① for(i=0; i<=4; i++) 表示要循环 5 轮，第一轮将最大数放在 a[5]中，第二轮将次大的数放在 a[4]中，第三轮将再次大的数放在 a[3]中……以此类推，直到第五轮将第二小的数放在 a[1]中，即最小的数留在了 a[0]中。

② 上述方式是将数值从小到大排列，如果想从大到小排列，则只需将 a[j]>a[j+1]换成 a[j]<a[j+1]即可，即每次比较时，如果前面的数比后面的小，则交换。

5.4.2　选择排序

选择排序是在冒泡排序的基础上发展而来的，它的原则是每次先从剩下的数中找出最大值，再依次放到对应位置。

知识讲解

有一个整型数组 int a[6]，要对其中的元素进行排序，用选择排序算法的步骤如下。

（1）找出 a[0]、a[1]、a[2]、…、a[5]中的最大数，将其与 a[0]交换，即把最大者交换至 a[0]中。

（2）找出 a[1]、a[2]、…、a[5]中的最大数，将其与 a[1]交换。

（3）以此类推，找出 a[i]、a[i+1]、…、a[5]中的最大数，将其与 a[i]交换，直至 i=4 时停止。

（4）最后，数组 a 中的数据呈降序排列。

如果数组 a 中元素值为 65，75，29，50，81，36，则按照上述方法进行排序的步骤如下。

第一轮：找出 a[0]到 a[5]中的最大数，将其与 a[0]交换。

81	75	29	50	65	36

第二轮：找出 a[1]到 a[5]中的最大数，将其与 a[1]交换。

81	75	29	50	65	36

第三轮：找出 a[2]到 a[5]中的最大数，将其与 a[2]交换。

81	75	65	50	29	36

第四轮：找出 a[3]到 a[5]中的最大数，将其与 a[3]交换。

81	75	65	50	29	36

第五轮：找出 a[4]和 a[5]中的最大数，将其与 a[4]交换。

81	75	65	50	36	29

□ 案例分析

例5.9 输入6个数，用选择排序法对其进行排序。

程序代码：

扫一扫看
本例题源
程序代码

```
#include <stdio.h>
int main()
{
    int i, j, tem, k, a[6];          //定义变量k，用于记录最大数的下标
    printf("输入6个整数：");
    for(i=0; i<=5; i++)
        scanf("%d",&a[i]);           //输入6个整数
    for(i=0; i<=4; i++)
    {
        k=i;                         //记录最大数的下标初值
        for(j=i+1; j<=5; j++)
        {
```

```
            if(a[j]>a[k])
            {
                k=j;                    //调整最大数的下标
            }
        }
        if(i!=k){                        //如果最大数不是当前数，则交换
         tem=a[i];
         a[i]=a[k];
         a[k]=tem;
        }
    }
    printf("排序后的结果：");
    for(i=0; i<=5; i++)                  //输出结果
        printf("%d\t",a[i]);
    return 0;
}
```

运行结果：

输入 6 个整数：34　87　67　58　21　62↙
排序后的结果：87　　67　　62　　58　　34　　21

程序注解：

① 变量 k 用于记录每一轮循环中最大数的下标，每一轮循环，即每次外循环，先将当前数的下标 i 赋值给 k，然后通过内循环，从 i+1 的元素开始，依次和下标为 k 的数进行比较，如果比 k 中的值大，则更新 k 的值，直到所有元素都比较完成，此时下标为 k 的数是本轮的最大值，判断 k 和 i 是否相等，如果不相等，则把下标为 k 的数和当前数 i 交换，然后开始下一轮比较……以此类推，直到第五轮找出 a[4]和 a[5]中的最大值，将其和 a[4]交换结束。

② 上述方式是将数值从大到小排列，如果想从小到大排列，只需将 a[j]>a[k]换成 a[j]<a[k]即可，即每轮比较时，找出最小值并和当前值交换。

本章小结

本章介绍了一维数组、二维数组和字符数组的相关知识，详细讲解了数组的定义、数组的初始化、数组元素的引用等内容，介绍了一些常用的字符函数的功能和使用方法，同时，在最后详细介绍了两种常用的利用数组进行排序的方法：冒泡排序和选择排序。

习题 5

扫一扫看
本习题参
考答案

一、选择题

1. 在 C 语言中，下列关于数组的描述正确的是（　　　）。

　　A. 数组不能先说明长度再赋值　　　　B. 数组只能存储相同类型的元素

C. 数组的长度是可变的　　　　　　D. 数组没有初始值

2.（多选）下面数组的初始化正确的是（　　）。

　　A. int arr[4] = {4,3,2,1,0};　　　　　B. int arr[10] = {9,8,7,5};

　　C. int arr[] = {9,8,7};　　　　　　　D. int arr[]={};

3. 下列说法不正确的是（　　）。

　　A. 在 C 语言中，数组的下标都是从 0 开始的

　　B. 在 C 语言中，数组名代表数组的首地址

　　C. 数组是一组具有相同数据类型的变量的集合

　　D. 在 C 语言中，只有一维数组和二维数组

4. 若 int a[5]={1,2,3}，则 a[2]的值为（　　）。

　　A. 2　　　　　　B. 0　　　　　　C. 3　　　　　　D. 1

5. 若 int a[2][3]={{1,2,3},{4,5,6}}，则 a[1][1]的值为（　　）。

　　A. 4　　　　　　B. 2　　　　　　C. 5　　　　　　D. 3

6. 有两个字符数组 a、b，则以下正确的输入语句是（　　）。

　　A. gets("a"),gets("b");　　　　　　B. scanf("%s%s",a,b);

　　C. gets(a,b);　　　　　　　　　　D. scanf("%c%c",a,b);

二、编程题

1. 编写程序，从控制台输入 10 个整数，以数组方式保存起来，找出其中的最小值并输出。

2. 输入一个字符串，输出该字符串的长度，要求利用字符串处理函数实现。

3. 将一个二维数组行和列的元素互换，并存到另一个二维数组中，例如：

$$a = \begin{bmatrix} 1 & 2 & 3 \\ 4 & 5 & 6 \end{bmatrix} \rightarrow b = \begin{bmatrix} 1 & 4 \\ 2 & 5 \\ 3 & 6 \end{bmatrix}$$

4. 有一个 3×4 的矩阵，要求编写程序求出其中值最大的元素的值，以及其所在的行号和列号。

5. 利用数组输出下列图形。

```
    *
   **
  *  *
   **
    *
```

6. 将一组 8 个实数存入数组，并进行从小到大的排序，排序后输出结果。

7. 输入 10 个整数，将它们按从小到大的顺序排列后输出，并给出现在的每个元素在原来序列中的位置。

第6章

函　数

知识目标

- 理解什么是函数
- 掌握函数的定义方法
- 掌握函数的调用方法
- 掌握函数的嵌套和递归调用方法
- 掌握全局变量的定义和使用
- 理解什么是变量的作用域，什么是变量的生存期

能力目标

- 能够熟练使用函数进行编程
- 能够熟练使用各种类型的变量
- 能够使用函数的嵌套和递归调用方法解决实际问题

6.1 函数的定义

C 语言是由函数组成的，在前面各章中提到的 main()、printf()、scanf()等都是函数。实际上，程序往往由多个函数组成，函数是程序的基本模块，通过对函数的调用可以实现特定的功能。C 语言不仅提供了极为丰富的库函数，还允许用户自己定义函数。用户可以把自己的算法编成一个个相对独立的程序模块，即定义成函数，然后用调用函数的方法来使用它们。

函数按照有无传入参数，可以分为无参函数和有参函数。

6.1.1 无参函数的定义

没有传入参数的函数称为无参函数。

扫一扫看
函数课教
案设计

🔲 知识讲解

无参函数定义的形式如下：

```
返回类型 函数名(void)
{
    函数体语句
}
```

说明：返回类型是指函数最后返回值的类型，如果返回类型为 void，则表示无返回值。函数名是用户定义的标识符。函数名后面的()中是函数参数，如果无参数，则可以在()中写 void，也可以不写，但是()不能少。{}中的内容称为函数体，即函数要实现的功能。

例如，定义一个函数：

```
void hello()
{
    printf ("HelloWorld\n");
}
```

这个函数的函数名为 hello，没有传入参数，当它被其他函数调用时，输出字符串"HelloWorld"。

6.1.2 有参函数的定义

有传入参数的函数称为有参函数。

🔲 知识讲解

有参函数定义的形式如下：

```
返回类型 函数名(形式参数列表)
{
    函数体语句
}
```

说明：有参函数和无参函数的区别在于它有一个形式参数列表，在形参列表中给出的参数称为形式参数，它们可以是各种类型的变量，各参数之间用逗号间隔。在进行函数调用时，主调函数将赋予这些形式参数实际的值。形参既是变量，就必须在形参表中给出形参的类型说明。

例如，定义一个函数，用于求两个整数的和：

```
int add(int a,int b)
{
    return a+b;
}
```

第一行代码说明 add 函数是一个整型函数，其返回值类型是整数。形参 a、b 均为整型。a、b 的具体值是由主调函数在调用时传送过来的。在{}括起来的函数体内，除形参外没有使用其他变量，因此只有语句而没有说明部分。在 add 函数体中，return 语句用于把 a+b 的值作为函数的值返回给主调函数。返回值函数中至少应有一个 return 语句，return 后面可以是常量、变量或表达式等，且其数据类型必须和函数定义时的返回类型相同。

6.2 函数的调用

6.2.1 函数调用的形式和方法

▢ **知识讲解**

函数调用的一般形式如下：

 扫一扫看数组作为函数参数课教案设计

函数名 (实际参数列表)

说明：如果是调用无参函数，则"实际参数列表"可以没有，但括号不能省略。如果实参列表包含多个实参，则各参数间用逗号隔开。实际参数列表中的参数可以是常数、变量、表达式等。

在 C 语言中，函数的调用可以使用以下几种方式。

（1）函数作为表达式中的一项出现在表达式中，以函数返回值参与表达式的运算。这种方式要求函数是有返回值的，如 int sum=add(1,2);。

（2）把函数作为一般的语句调用，此时要在最后加上分号，如 add(1,2);。

（3）把函数作为另一个函数的实际参数，这种情况是把该函数的返回值作为实参进行传送，因此要求该函数必须是有返回值的，如 add(1,max(a,b)));。

6.2.2 形式参数和实际参数

▢ **知识讲解**

函数的参数有形式参数和实际参数两种，形式参数简称形参，实际参数简称实参。形参出现在函数定义中，在整个函数体内都可以使用，离开该函数则不能使用。实参出现在主调函数中，进入被调函数后，实参变量也不能使用。形参和实参的功能是进行数据传递。当发生函数调用时，主调函数把实参的值传送给被调函数的形参从而实现主调函数向被调函数的数据传递。

函数的形参和实参具有以下特点。

（1）形参变量只有在被调用时才分配内存单元，在调用结束时，即刻释放所分配的内存单元。因此，形参只有在函数内部有效。函数调用结束返回主调函数后不能再使用该形参变量。

（2）实参可以是常量、变量、表达式、函数等，无论实参是何种类型的量，在进行函数调用时，它们都必须具有确定的值，以便把这些值传送给形参。因此，应预先用赋值、输入等办法使实参获得确定值。

（3）实参和形参在数量上、类型上、顺序上应严格一致，否则会发生类型不匹配的错误。

（4）函数调用中发生的数据传送是单向的，即只能把实参的值传送给形参，而不能把形参的值反向地传送给实参。因此，在函数调用过程中，形参的值会发生改变，而实参中的值不会变化。

□ 案例分析

例 6.1 输入两个整数，输出它们的和，要求用自定义函数实现求和功能。

程序代码：

```
#include <stdio.h>
int sum(int a,int b)                //自定义函数 sum，用于求两个整数的和
{
    return a+b;
}
int main()                          //主函数 main
{
    int x,y;
    scanf("%d%d",&x,&y);            //从控制台获取两个整数，分别存入 x 和 y
    printf("%d",sum(x,y));          //输出结果
    return 0;
}
```

扫一扫看本例题源程序代码

运行结果：

```
1  2✔
3
```

程序注解：

① 根据题目要求定义了一个函数，函数名为 sum，求两个整数的和，要接收两个整数，参数是两个整型数，返回的是两个整数的和，也是整型，故返回类型为整型。

② 在 main 函数中定义了 x 和 y，用来存储从控制台输入的两个整数，如果从控制台输入 1 和 2，则 x=1，y=2，若在 main 函数中调用了 sum(x,y)，则将 x 的值传递给 a，将 y 的

值传递给 b，即 a=1，b=2，sum 函数执行后返回 a+b 的值，即返回 3，并被 printf 输出到控制台上。

③ 在这段程序中，x 和 y 是实参，a 和 b 是形参。

📖 **编程练习**

练习 6.1　输入 3 个整数，比较它们的大小，输出较大的数，要求用自定义函数比较两个数的大小。

扫一扫看本练习题源程序代码

6.2.3　函数的返回值

函数的返回值是指函数被调用之后，执行函数体中的程序段所取得并返回给主调函数的值。函数的返回值也称函数值。

🔲 **知识讲解**

（1）函数值只能通过 return 语句返回主调函数。其一般语法形式如下：

> **return 表达式；**

该语句的功能是计算"表达式"的值，并返回给主调函数。函数中允许有多个 return 语句，但每次调用只能有一个 return 语句被执行，因此只能返回一个函数值。

（2）函数值的类型和函数定义中返回类型应保持一致。如果两者不一致，则以函数定义的返回类型为准，自动进行类型转换。

（3）不返回函数值的函数，可以明确定义为"空类型"，返回类型说明符为"void"。如函数 s 并不向主函数返回函数值，则可定义如下：

```
void s(int n)
{
 ......
}
```

一旦函数被定义为空类型，就不能在主调函数中使用被调函数的函数值了。

6.2.4　函数的说明

🔲 **知识讲解**

在 C 程序中，一个函数的定义可以放在任意位置，既可放在主函数 main 之前，也可放在 main 之后。如果函数定义放在主调函数之后，则在调用之前应对该被调函数进行说明，这与使用变量之前要先进行变量说明是一样的。在主调函数中对被调函数做说明的目的是使编译系统知道被调函数返回值的类型，以便在主调函数中按这种类型对返回值做相应的处理。

函数说明的一般形式如下：

> **返回类型　函数名(形式参数列表)；**

说明：函数说明时，不写{}和函数体，但必须在参数的()后加分号。

例如，对 add 函数进行说明：

```
int add(int,int);
```

或者

```
int add(int a,int b);
```

函数说明时，形参列表中可以只写类型，不写形参，也可以两个都写。

6.3 函数的嵌套调用和递归调用

6.3.1 函数的嵌套调用

在 C 语言中，允许在一个函数的定义中出现对另一个函数的调用。这样就出现了函数的嵌套调用，即在被调函数中又调用其他函数。

例如，有函数 func1、函数 func2、函数 func3：

```
int func1(int x)
{
    int y;
    return func2 (y);
}
int func2(int x)
{
    int y;
    return func3(y);
}
int func3(int x)
{
    ......
}
```

其中，函数 func1 调用了函数 func2，函数 func2 调用了函数 func3。

☐ 案例分析

例 6.2 求 $1^2! +2^2! +3^2!$ 的值。

扫一扫看
本例题源
程序代码

编程思路：

本题可编写两个函数：一个是用来计算平方的函数 f1，另一个是用来计算阶乘的函数 f2。主函数先调用 f1 计算出平方值，再在 f1 中以平方值为实参，调用 f2 计算其阶乘值，并返回 f1，再返回主函数，在循环程序中计算累加和。

程序代码：

```
#include <stdio.h>
long func1(int);                        //说明函数 func1
```

```
long func2(int);                //说明函数 func2
int main()
{
    int i;
    long s=0;                   //用变量 s 记录最后的结果
    for (i=1;i<=3;i++)
      s=s+func1(i);             //调用行数 func1，并将返回值累加到 s 中
    printf("s=%ld\n",s);        //输出结果
    return 0;
}
long func1(int x)               //定义求平方的函数 func1
{
    int k;                      //用于记录平方值
    long r;                     //用于记录 func2 的返回值
    k=x*x;                      //求 x 的平方值
    r=func2(k);                 //嵌套调用函数 func2，计算实参 k 的阶乘
    return r;
}
long func2(int x)               //定义求阶乘的函数 func2
{
    long r=1;                   //用于记录阶乘值，赋初值为 1
    int i;                      //循环控制变量
    for(i=1;i<=x;i++)           //求 x! 的值
      r=r*i;
    return r;
}
```

运行结果：

```
s=362905
```

程序注解：

① 在程序中，函数 func1 和 func2 均为长整型，都在主函数之后定义，故必须在主函数调用它们之前对其进行说明。在主程序中，执行循环程序，依次把 i 值作为实参调用函数 func1 并求 i^2 值。在 func1 中又对函数 func2 进行调用，把 i^2 的值作为实参去调用 func2，在 func2 中完成求 $i^2!$ 的计算。func2 执行完毕后，将 $i^2!$ 的值返回给 func1，再由 func1 返回主函数实现累加。

② 在程序中，main 函数调用 func1 函数，func1 函数又调用 func2 函数，实现了函数的嵌套调用。

□ **编程练习**

练习 6.2　计算 1～10 中整数的平方根之和，要求 main 函数只输出结果，求平方根要调用函数 sqrtf，求和要调用函数 sum 来实现。

 扫一扫看本练习题源程序代码

 扫一扫看本练习题答案

6.3.2 函数的递归调用

一个函数在它的函数体内调用其自身称为递归调用。这种函数称为递归函数。C 语言允许函数的递归调用。在递归调用中，主调函数又是被调函数。执行递归函数将反复调用其自身，每调用一次就进入新的一层。

例如，有函数 f：

```c
int f(int x)
{
    int y;
    return f(y);
}
```

其中，函数 f 在其函数体内调用了自己。

□ 案例分析

例 6.3　求 $n!$。

编程思路：

扫一扫看本例题源程序代码

$$n! = \begin{cases} 1 & , (n=1) \\ n*(n-1)!, & (n>1) \end{cases}$$

编写一个函数 f，传入一个参数 n，在 f 函数中在调用其自己求 $(n-1)!$，传递的参数是 $n-1$。但是要注意，递归调用会一直循环调用自身，所以必须有一个终点，否则程序一直运行无法结束。在这个题目中，终点就是当 $n=1$ 时，$n!=1$，直接返回 1，而不是继续调用 f(0)。

程序代码：

```c
#include <stdio.h>
long f(int n);                  //说明 f 函数
int main()
{
    int n;
    scanf("%d",&n);             //从控制台输入 n 的值
    printf("%d!=%ld",n,f(n));   //调用函数 f，求 n!并输出结果
    return 0;
}
long f(int n)                   //定义函数 f 来求 n!
{
    long r;                     //r 用于记录返回值
    if (n == 1)
        r=1;                    //当 n 的值为 1 时，直接返回 1
    else
        r= n*f(n-1);           //否则，调用 f(n-1)来求(n-1)!，使其返回值和 n 相乘
    return r;
}
```

运行结果：

```
4↙
4!=24
```

程序注解：

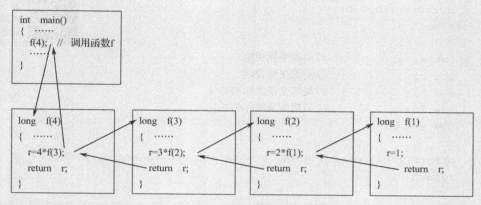

　　程序中给出的函数 f 是一个递归函数。主函数调用函数 f 后即进入函数 f 执行代码，如果 *n*=1，则直接返回 1，否则递归调用 f 函数自身。由于每次递归调用的实参为 *n*-1，即把 *n*-1 的值赋予形参 *n*，最后，当 *n*-1 的值为 1 时再做递归调用，形参 *n* 的值也为 1，将使递归终止，再逐层退回即可。

编程练习

练习 6.3　用递归函数求 1+2+3+4+…+*n* 的和。

扫一扫看本练习题源程序代码

6.4　变量的作用域及存储类型

6.4.1　变量的作用域

　　所谓作用域，就是变量的有效范围。作用域是程序中定义的变量所存在的区域，超过该区域变量就不能被访问。C 语言中有以下 3 个地方可以说明变量。

（1）在函数或块内部声明的局部变量。

（2）在所有函数外部声明的全局变量。

（3）在形式参数的函数参数定义中的变量。

1. 局部变量

知识讲解

　　在某个函数或块的内部说明的变量称为局部变量。它们只能被该函数或该代码块内部的语句使用。局部变量在函数外部是不可知的。

□ 案例分析

例 6.4　main 函数中局部变量的使用。

程序代码：

```
#include <stdio.h>
int main ()
{
  int a, b;              //局部变量说明
  int c;                 //局部变量说明
  a = 10;                //局部变量实际初始化
  b = 20;                //局部变量实际初始化
  c = a + b;

  printf ("value of a = %d, b = %d and c = %d\n", a, b, c);
  return 0;
}
```

扫一扫看
本例题源
程序代码

运行结果：

```
value of a = 10, b = 20 and c = 30
```

程序注解：

① 程序中的 a、b、c 三个变量都是在 main 函数中定义的，它们是 main 函数内的局部变量，只能在 main 函数中使用，不能在其他函数中使用。

② 在 main 函数中定义的变量也是局部变量，只能在 main 函数中使用；同时，main 函数中也不能使用其他函数中定义的变量。main 函数也是一个函数，与其他函数地位平等。

③ 有一种局部变量可以在块语句的开头定义，称为语句块局部变量。这种临时变量放在语句块开头说明，可以不在函数一开始时就定义，并且在语句块使用完毕后即可释放空间。

□ 编程练习

练习 6.4　分析下列代码中 3 个变量 a 的作用域。

```
int a;
int main()
{
    int a;
    if (a!=0){
        int a = 2;
        printf("%d\n", a);
    }
    return 0;
}
```

知识延伸

① 形参变量、在函数体内定义的变量都是局部变量。实参给形参传值的过程也就是给局部变量赋值的过程。

② 可以在不同的函数中使用相同的变量名，它们表示不同的数据，分配不同的内存，互不干扰，也不会发生混淆。

知识讲解

在语句块中也可定义变量，其只在当前语句块中起作用。

案例分析

例 6.5　语句块中的局部变量。

程序代码：

```c
#include <stdio.h>
int main()
{
    int i=2,j=3,k;
    k=i+j;
    {
        int k=8;
        if(i=3) printf("%d\n",k);
    }
    printf("%d\n%d\n",i,k);
    return 0;
}
```

扫一扫看
本例题源
程序代码

运行结果：

```
8
3
5
```

程序注解：

此程序在 main 函数中定义了 i、j、k 三个变量，其中 k 未赋初值。而在复合语句内又定义了一个变量 k，并赋初值为 8。应该注意这两个 k 不是同一个变量。在复合语句外，由 main 函数定义的 k 起作用；而在复合语句内，由在复合语句内定义的 k 起作用。

2. 全局变量

知识讲解

全局变量定义在函数外部，通常位于程序的顶部。全局变量在整个程序生命周期内都是有效的，在任意的函数内部都能访问全局变量。全局变量可以被任意函数访问。也就是说，全局变量在说明后于整个程序中都是可用的。

☐ **案例分析**

例 6.6 全局变量的使用。

程序代码：

```
#include <stdio.h>
 int g;                      //全局变量说明
 int main ()
{
  int a, b;                  //局部变量说明
  a = 10;
  b = 20;
  g = a + b;
  printf ("value of a = %d, b = %d and g = %d\n", a, b, g);
  return 0;
}
```

扫一扫看
本例题源
程序代码

运行结果：

```
value of a = 10, b = 20 and g = 30
```

程序注解：

① 变量 g 因为是在 main 函数外面定义的，也不在其他函数中，因此，g 变量是全局变量。在 main 函数中使用了 g 变量，将 a+b 的值赋给 g，也可以在 main 函数的输出语句中输出 g 的值。

② 全局变量的作用域是所有的函数，如果此例中有除了 main 函数之外的其他函数，则也可以使用 g 变量，但是要注意，在某个函数中对 g 变量存储值的改变，会影响其在另一个函数中使用该变量的值，也就是说，任意一个函数对全局变量的使用都能改变其值。

▦ **知识延伸**

（1）在程序中，局部变量和全局变量的名称可以相同，当全局变量和局部变量同名时，在局部范围内全局变量被"屏蔽"，不再起作用。或者说，变量的使用遵循就近原则，如果在当前作用域中存在同名变量，就不会到更大的作用域中寻找变量。

（2）C 语言规定，只能从小的作用域向大的作用域寻找变量，而不能反过来去使用更小的作用域中的变量。

☐ **编程练习**

练习 6.5 求 1 到 100 内所有素数之和，要求将存放和的变量 sum 定义为全局变量。

3. 形式参数

▱ **知识讲解**

函数的参数——形式参数，被当作该函数内的局部变量，它们会优先覆盖全局变量。

□ **案例分析**

例 6.7　形式参数的使用。

程序代码：

```c
#include <stdio.h>
int a = 20;                          //全局变量说明
int main ()
{
  int a = 10;                        //主函数中的局部变量说明
  int b = 20;
  int c = 0;
  int sum(int, int);

  printf ("value of a in main() = %d\n",  a);
  c = sum( a, b);
  printf ("value of c in main() = %d\n",  c);

  return 0;
}

int sum(int a, int b)                //计算两个整数和的函数
{
   printf ("value of a in sum() = %d\n",  a);
   printf ("value of b in sum() = %d\n",  b);

   return a + b;
}
```

运行结果：

```
value of a in main() = 10
value of a in sum() = 10
value of b in sum() = 20
value of c in main() = 30
```

程序注解：

① 在 main 函数中输出 a 的值时，此时的 a 是 main 函数中定义的局部变量 a，因为当局部变量 a 和全局变量 a 同名时，全局变量 a 被"屏蔽"，因此，a 的输出值为 10。

② 在 main 函数中调用 sum 函数时，实参 a 和 b 是 main 函数的局部变量 a 和 b，因此分别将 10 和 20 两个值传递给 sum 函数的形参 a 和 b。

③ sum 函数中输出的 a 和 b 的值是 sum 函数的形式参数 a 和 b 的值，因为它们的值由 main 函数的实参 a 和 b 传递，因此分别输出 10 和 20。

④ 此例中，全局变量 a 因为在 main 和 sum 函数中都有同名的局部变量 a，因此在两个函数中都被"屏蔽"，没有被具体地使用过。

⑤ 特别注意：此例中形参 a 和 b 与实参 a 和 b 虽然名称相同，但不是同一个变量，它们分别是 sum 函数和 main 函数中的局部变量，因为作用域是自己所在的函数内，因此可以同名。它们只是进行了值的传递，内存中所存储的位置并不一样，因此是不同的变量。

例 6.8 应用函数调用实现功能：根据长方体的长、宽、高，求其体积及三个面的面积。

程序代码：

```
#include <stdio.h>
int s1, s2, s3;
int vs(int a, int b, int c){
    int v;
    v = a * b * c;
    s1 = a * b;
    s2 = b * c;
    s3 = a * c;
    return v;
}
int main(){
    int v, length, width, height;
    printf("Input length, width and height: ");
    scanf("%d %d %d", &length, &width, &height);
    v = vs(length, width, height);
    printf("v=%d, s1=%d, s2=%d, s3=%d\n", v, s1, s2, s3);
    return 0;
}
```

扫一扫看
本例题源
程序代码

运行结果：

```
Input length, width and height: 10 20 30✓
v=6000, s1=200, s2=600, s3=300
```

程序注解：

根据题意，要借助一个函数得到四个值：体积 v 及三个面的面积 s1、s2、s3。遗憾的是，C 语言中的函数只能有一个返回值，因此我们只能将其中的一份数据，也就是体积 v 放到返回值中，而将面积 s1、s2、s3 设置为全局变量。全局变量的作用域是整个程序，在函数 vs()中修改 s1、s2、s3 的值，能够影响到包括 main 函数在内的其他函数。

▯ 编程练习

练习 6.6 应用函数调用实现功能：根据圆柱体的底面半径和高，求其体积及表面积，π取值为 3.14。

▤ 知识延伸

（1）形参变量只在被调用期间才分配内存单元，调用结束立即释放。这一点表明形参变量只有在函数内才是有效的，离开该函数就不能再使用了。

（2）形参变量是属于被调函数的局部变量，实参变量是属于主调函数的局部变量。

6.4.2 变量的存储类型

按变量的存储方式不同，可将 C 语言的变量分为"静态存储变量"和"动态存储变量"两种。静态存储变量通常是在变量定义时就分配存储单元并一直保持不变，直至整个程序结束。全局变量即属于此类存储方式。动态存储变量是在程序执行过程中，被使用时才分配存储单元，使用完毕立即释放。典型的例子是函数的形式参数，在函数定义时并不给形参分配存储单元，只是在函数被调用时，才予以分配，调用函数完毕后立即释放。如果一个函数被多次调用，则反复地分配、释放形参变量的存储单元。

静态存储变量是一直存在的，而动态存储变量则时而存在时而消失。人们把这种由于变量存储方式不同而产生的特性称为变量的生存期。生存期表示了变量存在的时间。生存期和作用域是从时间和空间两个不同的角度来描述变量特性的，两者既有联系，又有区别。一个变量究竟属于哪一种存储方式，并不能仅从其作用域来判断，还应有明确的存储类型说明。

在 C 语言中，对变量的存储类型说明有以下四种。

auto：自动变量。

register：寄存器变量。

extern：外部变量。

static：静态变量。

自动变量和寄存器变量属于动态存储方式，外部变量和静态变量属于静态存储方式。在介绍了变量的存储类型之后，可以知道对一个变量的说明不仅要说明其数据类型，还要说明其存储类型。因此，变量说明的完整形式如下：

存储类型说明符 数据类型说明符 变量名 1，变量名 2，…；

例如：

```
static int a,b;              //说明 a、b 为静态类型变量
auto char c1,c2;             //说明 c1、c2 为自动字符变量
static int a[5]={1,2,3,4,5}; //说明 a 为静态整型数组
extern int x,y;              //说明 x、y 为外部整型变量
```

下面分别介绍以上四种存储类型。

1. 自动变量

知识讲解

自动变量的类型说明符为 auto。

这种存储类型是 C 语言程序中使用最广泛的一种类型。在 C 语言中，函数内凡未加存储类型说明的变量均可视为自动变量，也就是，说自动变量可省去说明符 auto。在前面各章的程序中，所定义的变量凡未加存储类型说明符的都是自动变量。例如：

```
{ int i,j,k;
char c;
```

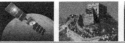

```
      ......
      }
```

等价于：

```
{ auto int i,j,k;
auto char c;
......
}
```

自动变量具有以下特点。

（1）自动变量的作用域仅限于定义该变量的个体内。在函数中定义的自动变量，只在该函数内有效，在复合语句中定义的自动变量只在该复合语句中有效。例如：

```
int kv(int a)
{
  auto int x,y;
  {
    auto char c;
  } /*c 的作用域*/
  ......
}   /*a,x,y 的作用域*/
```

（2）自动变量属于动态存储方式，只有在使用它，即定义该变量的函数被调用时才为它分配存储单元，开始它的生存期。函数调用结束时，释放存储单元，结束生存期。因此，函数调用结束之后，自动变量的值不能保留。在复合语句中定义的自动变量，在退出复合语句后也不能再使用，否则将引起错误。

□ **案例分析**

例 6.9 复合语句中定义的自动变量。
程序代码：

```
#include<stdio.h>
int main()
{
    auto int a;
    printf("\n input a number:\n");
    scanf("%d",&a);
    if(a>0){
        auto int s,p;
        s=a+a;
        p=a*a;
    }
    printf("s=%d p=%d\n",s,p);
}
```

扫一扫看
本例题源
程序代码

运行结果：

> `printf("s=%d p=%d\n",s,p);`行代码报错，提示 s 和 p 两个变量未定义而使用

程序注解：

① s，p 是在复合语句内定义的自动变量，只在该复合语句内有效。而此程序的第 2 个 printf 语句却是退出复合语句之后用 printf 语句输出 s、p 的值，这显然会引起错误。

② 由于自动变量的作用域和生存期都局限于定义它的个体内（函数或复合语句内），因此，不同的个体中允许使用同名的变量而不会混淆。即使在函数内定义的自动变量也可与该函数内部的复合语句中定义的自动变量同名。例 6.10 表明了这种情况。

案例分析

例 6.10　函数内定义的自动变量与该函数内部的复合语句中定义的自动变量同名。

程序代码：

```c
#include<stdio.h>
int main()
{
    auto int a,s=100,p=100;
    printf("input a number:\n");
    scanf("%d",&a);
    if(a>0)
    {
        auto int s,p;
        s=a+a;
        p=a*a;
        printf("s=%d p=%d\n",s,p);
    }
    printf("s=%d p=%d\n",s,p);
    return 0;
}
```

扫一扫看
本例题源
程序代码

运行结果：

```
input a number:
6↙
s=12 p=36
s=100 p=100
```

程序注解：

① 此程序在 main 函数中和复合语句内两次定义了变量 s、p 为自动变量。按照 C 语言的规定，在复合语句内，应由复合语句中定义的 s、p 起作用，故 s 的值应为 a+a，p 的值为 a*a。退出复合语句后的 s、p 应为 main 函数所定义的 s、p，其值在初始化时给定，均为 100。从输出结果可以分析出两个 s 和两个 p 虽然变量名相同，但却是两个不同的变量。

② 对于构造类型的自动变量（如数组等），不可做初始化赋值。

2. 外部变量

知识讲解

外部变量的类型说明符为 extern。外部变量有以下几个特点。

（1）外部变量和全局变量是对同一类变量的两种不同的提法。全局变量是从它的作用域提出的，外部变量是从它的存储方式提出的，表示了它的生存期。

（2）当一个源程序由若干个源文件组成时，在一个源文件中定义的外部变量在其他的源文件中也有效。例如，一个源程序由源文件 FUN1.C 和 FUN2.C 组成：

```
FUN1.C
int a,b;              /*外部变量定义*/
char c;               /*外部变量定义*/
main()
{
......
}


FUN2.C
extern int a,b;       /*外部变量说明*/
extern char c;        /*外部变量说明*/
func (int x,y)
{
......
}
```

在 FUN1.C 和 FUN2.C 两个文件中都要使用 a、b、c 三个变量。在 FUN1.C 文件中把 a、b、c 都定义为外部变量。在 FUN2.C 文件中用 extern 把三个变量说明为外部变量，表示这些变量已在其他文件中定义，编译系统不再为它们分配内存空间。对于构造类型的外部变量，如数组等，可以在说明时做初始化赋值，若不赋初值，则系统自动定义它们的初值为0。

3. 静态变量

知识讲解

静态变量的类型说明符是 static。

静态变量当然属于静态存储方式，但是属于静态存储方式的变量不一定就是静态变量，如外部变量虽属于静态存储方式，但不一定是静态变量，必须由 static 加以定义后才能成为静态外部变量，或称静态全局变量。对于自动变量，前面已经介绍了其属于动态存储方式，但是也可以用 static 定义它为静态自动变量，或称静态局部变量，从而成为静态存储方式。

由此看来，一个变量可由 static 进行再说明，并改变其原有的存储方式。

1）静态局部变量

在局部变量的说明前再加上 static 说明符即可构成静态局部变量。

例如：

```
static int a,b;
static float array[5]={1,2,3,4,5};
```

静态局部变量属于静态存储方式，它具有以下特点。

（1）静态局部变量在函数内定义，但它不像自动变量那样被调用时就存在，退出函数时就消失。静态局部变量始终存在着，也就是说，它的生存期为整个源程序。

（2）静态局部变量的生存期虽然为整个源程序，但是其作用域仍与自动变量相同，即只能在定义该变量的函数内使用该变量。退出该函数后，尽管该变量还继续存在，但不能再使用它。

（3）允许对构造类静态局部变量赋初值。在第 5 章中介绍数组初始化时已做过说明。若未赋予初值，则由系统自动赋其为 0 值。

（4）对于基本类型的静态局部变量，若在说明时未赋初值，则系统自动赋 0 值。而若对自动变量不赋初值，则其值是不定的。根据静态局部变量的特点，可以看出它是一种生存期为整个源程序的变量。虽然离开定义它的函数后不能使用，但当再次调用定义它的函数时，其又可继续使用，且保存了前次被调用后留下的值。因此，当多次调用一个函数且要求在调用之间保留某些变量的值时，可考虑采用静态局部变量。虽然用全局变量也可以达到上述目的，但全局变量有时会造成意外的"副作用"，因此，仍以采用局部静态变量为宜。

```
#include<stdio.h>
main()
{
  int i;
  void f();                    /*函数说明*/
  for(i=1;i<=5;i++)
  f();                         /*函数调用*/
}

void f()                       /*函数定义*/
{
  auto int j=0;
  ++j;
  printf("%d\n",j);
}
```

此程序中定义了函数 f，其中的变量 j 说明为自动变量并赋初始值为 0。当 main 函数中多次调用 f 时，j 均赋初值为 0，故每次输出的值均为 1。现在把 j 改为静态局部变量，如例 6.11 所示。

□ **案例分析**

例 6.11　静态局部变量的使用案例。
程序代码：

```
#include<stdio.h>
int main()
{
    int i;
    void f();
    for (i=1;i<=5;i++)
        f();
    return 0;
}

void f()
{
    static int j=0;
    ++j;
    printf("%d\n",j);

}
```

运行结果:

```
1
2
3
4
5
```

程序注解:

由于 j 为静态变量,能在每次调用后保留其值并在下一次调用时继续使用,所以输出值成为累加的结果。

2)静态全局变量

全局变量(外部变量)在说明时再冠以 static 就构成了静态的全局变量。全局变量本身就是静态存储方式,静态全局变量当然也是静态存储方式。两者在存储方式上并无不同。其区别在于非静态全局变量的作用域是整个源程序,当一个源程序由多个源文件组成时,非静态的全局变量在各个源文件中都是有效的;而静态全局变量限制了其作用域,即只在定义该变量的源文件内有效,在同一源程序的其他源文件中不能使用它。由于静态全局变量的作用域局限于一个源文件内,只能为该源文件内的函数共用,因此可以避免在其他源文件中引起错误。

从以上分析可以看出,把局部变量改变为静态变量后改变了它的存储方式,即改变了它的生存期;把全局变量改变为静态变量后是改变了它的作用域,限制了它的使用范围。因此,static 说明符在不同的地方所起的作用是不同的,应予以注意。

4.　寄存器变量

知识讲解

上述各类变量都存放在存储器内，因此，当对一个变量进行频繁读写时，必须反复访问内存储器，从而花费了大量的存取时间。为此，C 语言提供了另一种变量，即寄存器变量。这种变量存放在 CPU 的寄存器中，使用时，不需要访问内存，可直接从寄存器中读写，这样可提高效率。

寄存器变量的说明符是 register。对于循环次数较多的循环控制变量及循环体内反复使用的变量，均可定义为寄存器变量。

案例分析

例 6.12　求公式 $\sum\limits_{i=1}^{200} i$ 的计算结果。

扫一扫看
本例题源
程序代码

程序代码：

```c
#include<stdio.h>
int main()
{
    register int i,s=0;
    for(i=1;i<=200;i++)
        s=s+i;
    printf("s=%d\n",s);
    return 0;
}
```

运行结果：

```
20100
```

程序注解：

此程序循环 200 次，i 和 s 都将被频繁使用，因此可定义为寄存器变量。

编程练习

练习 6.7　求公式 $\sum\limits_{n=10}^{500} n$ 的计算结果，要求使用寄存器变量。

知识延伸

对于寄存器变量，还要说明以下几点。

（1）只有局部自动变量和形式参数才可以定义为寄存器变量。因为寄存器变量属于动态存储方式。凡需要采用静态存储方式的变量都不能定义为寄存器变量。

（2）在 Turbo C、MS C 等平台上使用的 C 语言中，实际上是把寄存器变量当成自动变量处理的，因此，其处理速度并不能提高。而在程序中允许使用寄存器变量只是为了与标准 C 保持一致。

（3）即使能真正使用寄存器变量的机器，由于 CPU 中寄存器的个数是有限的，因此使用寄存器变量的个数也是有限的。

本章小结

本章介绍了函数和变量的相关知识，详细讲解了函数的定义、函数的调用、函数的嵌套调用和递归调用，以及变量的作用域和存储类型等内容。

习题 6

扫一扫看
本习题参
考答案

一、选择题

1. 下列关于函数的调用方式，说法错误的是（　　）。
   A．可以将函数作为实参调用
   B．可以将函数作为语句调用
   C．可以将函数作为表达式调用
   D．函数只能被调用一次

2. 以下关于函数的说法中，错误的是（　　）。
   A．定义函数时必须确定参数的个数
   B．函数不能进行嵌套调用
   C．函数必须有返回值类型
   D．函数是 C 语言的基本组成元素

3. 以下代码的输出结果为（　　）。

```
#include <stdio.h>
int a=1;
int main()
{
    a=0;
    int a=2;
    printf("%d",a);
    return 0;
}
```

   A．0　　　　　　　B．1　　　　　　　C．2　　　　　　　D．无法确定

4. 以下说法不正确的是（　　）。
   A．形参可以是常量、变量或表达式
   B．实参可以是常量、变量或表达式
   C．实参可以为任意类型，实参和形参类型可以不一致
   D．如果实参和形参类型不一致，则以形参类型为准

5. （多选）以下变量中，静态存储变量有（　　）。
   A．int a;
   B．static float array[5];
   C．static int a, b;
   D．register i, s = 0;

二、编程题

1. 自定义函数 max，其功能为计算两个整数的最大值。

2. 自定义函数 string_len，其功能为计算一个字符串的长度。

3. 自定义函数 min，其功能为求长度为 10 的整型数组元素中的最小值。

4. 用静态局部变量的方法，补充下面的程序，使程序得到指定的输出。

程序如下：

```c
#include <stdio.h>
int main()
{
    int i;
    for(i = 1; i <=10; i++)
    {
        printf("%d!=%d\n", i, func());
    }
    return 0;
}
int func()
{
    int x = 1;
    x = x * (++n);
    return x;
}
int n = 0;
```

输出结果：

```
1!=1
2!=2
3!=6
4!=24
5!=120
6!=720
7!=5040
8!=40320
9!=362880
10!=3628800
```

5. 说明下列程序中各个变量分别是局部变量还是全局变量，并说明各个变量的作用域。

程序如下：

```c
#include <stdio.h>
int Guess_Num = 0;
void guess_sum();
int main()
{
```

```
    int num_1, num_2;
    int sum;

    printf("Please input 2 int num:");
    scanf("%d%d", &num_1, &num_2);
    sum = num_1 + num_2;

    guess_sum();
    if(Guess_Num == sum)
    {
    printf("你读过小学了吧!\n");
    }
    else
    {
    printf("你小学都没有读过吧!\n");
    }
    return 0;
}
void guess_sum()
{
    int num = 0;
    printf("Please input sum:");
    scanf("%d", &num);
    Guess_Num = num;
    return;
}
```

第 **7** 章

指　针

知识目标

- 理解指针和指针变量的概念
- 掌握指针变量的定义与应用
- 理解指针与数组名之间的关系
- 掌握指针与数组的综合应用
- 掌握指针与字符串处理的设计方法
- 了解指针在函数中的应用

能力目标

- 理解指针的作用
- 能通过指针类型使函数返回多个值
- 能通过指针访问数组元素
- 能使用指针作为数组的形参、实参
- 能通过指针访问字符串元素

7.1 指针的基本概念

知识讲解

指针是 C 语言中的重要概念，也是 C 语言的重要特色。使用指针可以有效地表示复杂的数据结构；使用指针可以方便地使用数组、字符串；使用指针可以使程序更加简洁、紧凑、高效。

计算机硬件系统的内存储器中拥有大量的存储单元（容量为 1 字节）。为了方便管理，必须为每一个存储单元编号，这个编号就是存储单元的"地址"。每个存储单元都有唯一的地址。

变量的实质是计算机给程序分配的一定数量的存储空间，因此变量也有地址，scanf（"%d" &a）中的&（取址运算符）本质上就是取出变量 a 的地址，使得输入的数据根据地址存放到变量 a 相应的存储空间中。

那么什么是指针呢？指针其实就是地址，二者是同一个概念的不种说法。只不过指针更形象，就像一根针一样，可以指向某个地方。

变量的指针就是变量的地址。存放变量地址的变量是指针变量，即在 C 语言中，允许用一个变量来存放指针，这种变量称为指针变量。因此，一个指针变量的值就是某个变量的地址或称为某个变量的指针。

指针与指针变量的关系如图 7-1 所示。

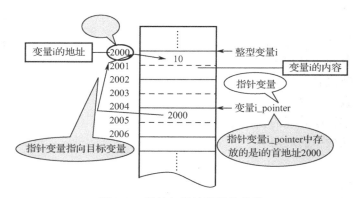

图 7-1　指针与指针变量的关系

有了指针变量，访问变量时就有两种方式——直接访问和间接访问。

直接访问：按变量名存取变量值，如 i=3。

间接访问：通过存放变量地址的变量去访问变量，如在图 7-1 中，i_pointer 中存放了 i 的地址，可以通过它先读取 i 的地址找到 i 变量的位置，再读取 i 变量的值。

为了表示指针变量和它所指向的变量之间的关系，在程序中用"*"表示"指向"，"*"也称指针运算符（取内容运算符），是一个与"&"互为相反的运算符。

例如，i_pointer 代表指针变量，而*i_pointer 是 i_pointer 所指向的变量。因此，下面两条语句的作用相同：

```
i=3;
*i_pointer=3;
```

第二条语句的含义是将 3 赋给指针变量 i_pointer 所指向的变量。

7.2　指针变量的定义与引用

7.2.1　指针变量的定义

知识讲解

对指针变量的定义包括以下三项内容。

（1）指针类型说明，即定义变量为一个指针变量。

（2）指针变量名。

（3）变量值(指针)所指向的变量的数据类型。

其一般语法形式如下：

```
类型说明符 *变量名;
```

其中，*表示这是一个指针变量，变量名即为定义的指针变量名，类型说明符表示此指针变量所指向的变量的数据类型。

例如：

```
int *p1;
```

表示 p1 是一个指针变量，它的值是某个整型变量的地址，或者说 p1 指向一个整型变量。至于 p1 究竟指向哪一个整型变量，应由向 p1 赋予的地址来决定。

再如：

```
int *p2;        /*p2 是指向整型变量的指针变量*/
float *p3;      /*p3 是指向浮点变量的指针变量*/
char *p4;       /*p4 是指向字符变量的指针变量*/
```

应该注意的是，一个指针变量只能指向同类型的变量，如 p3 只能指向浮点变量，不能时而指向一个浮点变量，时而又指向一个字符变量。

知识延伸

虽然内存地址是没有类型区别的，指针变量既然存放的是指针（地址），按理说可以存放任意类型变量的地址，但是为了程序处理方便，指针变量也限定了类型，一旦一个指针变量定义成了某种类型，就只能存放相应类型的变量的地址（或者说指向相应类型的变量）。

7.2.2 指针变量的引用

知识讲解

在引用指针变量时，可能有以下三种情况。

（1）给指针变量赋值。例如：

```
p=&a;      //把 a 的地址赋给指针变量 p
```

指针变量 p 的值是变量 a 的地址，即 p 指向 a。

（2）引用指针变量指向的变量。

如果已经执行了 "p=&a;"，则

```
printf ("%d", *p);
```

其作用是以整数形式输出指针变量 p 所指向的变量的值，即变量 a 的值。

如果有以下赋值语句：

```
*p=6;
```

则表示将整数 6 赋值给 p 当前所指向的变量，如果 p 指向了 a，则相当于把 6 赋值给 a，即等价于 "a=6;"。

（3）引用指针变量的值。

如果已经执行了 "p=&a;"，则

```
printf ("%o", p);
```

其作用是以八进制的形式输出 p 的值，如果 p 指向了 a，则输出 a 的地址，即&a。

注意：在指针运用中，要熟练掌握以下两个有关的运算符。

（1）&：取地址运算符。

（2）*：指针运算符（或称"间接访问"运算符）。

案例分析

例 7.1 输入 a 和 b 两个整数，按先大后小的顺序输出 a 和 b。

程序代码：

```
#include <stdio.h>
int main()
{
    int *p1, *p2, *p, a, b;
    scanf("%d%d",&a,&b);
    p1=&a; p2=&b;
    if(a < b)
    {
        p = p1;
```

扫一扫看
本例题源
程序代码

```
            p1 = p2;
            p2 = p;
    }
    printf("a = %d, b = %d\n", a, b);
    printf("max = %d, min = %d\n", *p1, *p2);
    return 0;
}
```

运行结果：

```
5 9✓
a=5,b=9
max=9,min=5
```

程序注解：

① 在分析有关指针的程序时，画图是很好的方法。

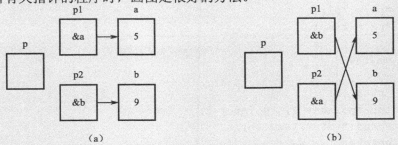

图 7-2　指针变量指向的改变

从图 7-2 可见，表示某个变量值时，既可以用普通变量来表示，如 a、b，也可以用指针变量的形式来表示，如*p1、*p2，使指针指向该变量 a、b，它们表示的具体变量值是一样的。

此例中，变量 a 和 b 的值并没有发生变化，变化的是指针 p1 和 p2 的指向发生了变化，p1 原来指向 a，现在指向 b，而 p2 则相反。

📖 编程练习

练习 7.1　定义两个整型变量、两个整型指针，先使两个整型指针分别指向两个整型变量，并利用指针输出其所指向的变量的值，然后修改其中一个指针的值，使它指向另一个变量，再一次输出两个指针所指向的变量的值。

扫一扫看本
练习题源程
序代码

7.2.3　指针变量作为函数参数

📖 知识讲解

函数的参数不仅可以是整型、实型、字符型等数据，还可以是指针类型。它的作用是将一个变量的地址传送到另一个函数中。

函数参数的传递是"值传递"，单向的，且一次只能返回一个函数值。若想在被调函数中改变主调函数中局部变量的值或从一个函数中返回多个值，该如何操作呢？此时，可以采取如下方法。

方法 1：采用全局变量（但是破坏了模块的独立性）。

方法 2：采用指针作为函数的参数（地址传递）。

□ **案例分析**

例 7.2　输入的两个整数按大小顺序输出。要求用函数处理数据交换，且用指针类型的数据作为函数参数。

程序代码：

```c
#include <stdio.h>
void swap(int *p1, int *p2)
{
    int temp;
    temp = *p1;
    *p1 = *p2;
    *p2 = temp;
}
int main()
{
    int a, b;
    int *pointer_1, *pointer_2;
    scanf("%d%d", &a, &b);
    pointer_1 = &a;
    pointer_2 = &b;
    printf("a=%d,b=%d\n", *pointer_1, *pointer_2);
    if (a<b)
        swap(pointer_1, pointer_2);
    printf("max=%d,min%d\n", a, b);
    return 0;
}
```

运行结果：

```
5 9↙
a=5,b=9
max=9,min=5
```

程序注解：

① 程序运行时，先执行 main 函数，输入 a 和 b 的值；再将 a 和 b 的地址分别赋给指针变量 pointer_1 和 pointer_2，使 pointer_1 指向 a，pointer_2 指向 b。

② 执行 if 语句，由于 a<b，因此执行 swap 函数。swap 是用户自定义的函数，它的作用是交换两个变量（a 和 b）的值。swap 函数的形参 p1、p2 是指针变量。注意，实参 pointer_1 和 pointer_2 是指针变量，在函数调用时，将实参变量的值传递给形参变量。其采取的依然是"值传递"方式。

③ 虚实结合后形参 p1 的值为&a，p2 的值为&b。此时 p1 和 pointer_1 均指向变量

a，p2 和 pointer_2 指向变量 b。再执行 swap 函数的函数体，使*p1 和*p2 的值互换，也就是使 a 和 b 的值互换。

④ 函数调用结束后，p1 和 p2 不复存在（已释放），整个指针的变化过程如图 7-3 所示。

⑤在 main 函数中输出的 a 和 b 的值是已经过交换的值。

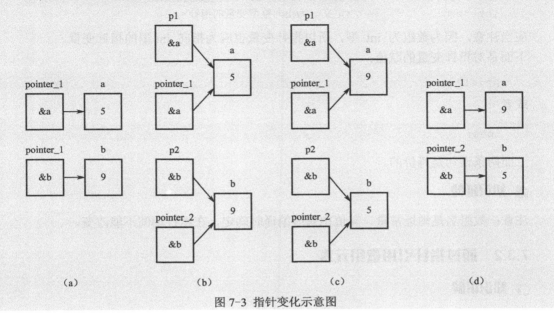

图 7-3 指针变化示意图

📋 **编程练习**

练习 7.2 利用指针作为参数实现数据交换的方法，输入 a、b、c 三个整数，按大小顺序输出。

7.3 数组的指针和指向数组的指针变量

在 C 语言中，指针与数组有着密切的关系。对于数组元素，既可以采用数组下标来引用，又可以通过指向数组元素的指针来引用。采用指针方法处理数组，可以产生代码长度小、运行速度快的程序。

7.3.1 指向数组元素的指针

🗐 **知识讲解**

一个数组包含若干元素，每个数组元素都在内存中占用存储单元，它们都有相应的地址。数组名就是数组的首地址，等价于第一个元素的地址，即数组名是指向数组的第一个元素的指针常量，也即数组名是表示数组首地址的地址常量。

数组指针变量说明的一般形式如下：

　　　类型说明符 *指针变量名；

其中，类型说明符表示所指数组的类型。从一般形式可以看出指向数组的指针变量和指向普通变量的指针变量的说明是相同的。

例如：

```
int a[10];              /*定义 a 为包含 10 个整型数据的数组*/
int *p;                 /*定义 p 为指向整型变量的指针*/
```

应当注意，因为数组为 int 型，所以指针变量也应为指向 int 型的指针变量。

下面是对指针变量的赋值：

```
p=&a[0];
```

或者

```
p=a;
```

上面两条语句是等价的。

知识延伸

注意：数组名是地址常量，其值由系统编译时确定，在运行期间不能改变。

7.3.2　通过指针引用数组元素

知识讲解

如果 p 的初值为&a[0]，则：

（1）　p+i 和 a+i 就是 a[i]的地址，或者说它们指向 a 数组的第 i 个元素。

（2）　*(p+i)或*(a+i)就是 p+i 或 a+i 所指向的数组元素， 即 a[i]。

例如，*(p+5)或*(a+5)就是 a[5]。

指向数组的指针变量也可以带下标，如 p[i]与*(p+i)等价。

根据以上叙述，引用一个数组元素可以使用以下两种方法。

（1）下标法，即用 a[i]形式访问数组元素。在前面介绍数组时都采用了这种方法。

（2）指针法，即采用*(a+i)或*(p+i)的形式，用间接访问的方法来访问数组元素，其中，a 是数组名，p 是指向数组的指针变量，其初值 p=a。

指针与一维数组之间的关系如图 7-5 所示。

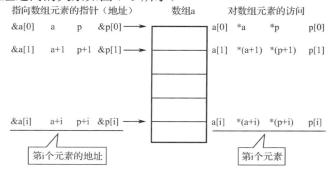

图 7-5　指针与一维数组的关系

案例分析

例 7.3　使用多种方法输出数组中的全部元素。

程序代码 1:

扫一扫看
本例题源
程序代码

```c
/*下标法*/
#include <stdio.h>
int main() {
    int a[10], i;
    for (i = 0; i<10; i++)
        a[i] = i;
    for (i = 0; i<10; i++)
        printf("a[%d]=%d\n", i, a[i]);
    return 0;
}
```

程序代码 2:

扫一扫看
本例题源
程序代码

```c
/*通过数组名计算元素的地址，再找出元素的值*/
#include <stdio.h>
int main() {
    int a[10], i;
    for (i = 0; i<10; i++)
        *(a + i) = i;
    for (i = 0; i<10; i++)
        printf("a[%d]=%d\n", i, *(a + i));
    return 0;
}
```

程序代码 3:

扫一扫看
本例题源
程序代码

```c
/*用指针变量指向元素*/
#include <stdio.h>
int main() {
    int a[10], i, *p;
    p = a;
    for (i = 0; i<10; i++)
        *(p + i) = i;
    for (i = 0; i<10; i++)
        printf("a[%d]=%d\n", i, *(p + i));
    return 0;
}
```

运行结果:

```
a[0]=0
a[1]=1
a[2]=2
```

```
a[3]=3
a[4]=4
a[5]=5
a[6]=6
a[7]=7
a[8]=8
a[9]=9
```

📋 编程练习

练习 7.3 使用指针引用数组元素的方法编写一个程序，要求先实现 10 个整数的输入，再按从小到大的顺序排列后输出。

扫一扫看本练习题源程序代码

7.3.3 数组名做函数参数

🗐 知识讲解

数组名可以做函数的实参和形参，但要注意数组名做函数参数时，是地址传递。

数组名做函数参数时，实参与形参的对应关系如表 7-1 所示。

表 7-1 数组名做函数参数时实参与形参的对应关系

实　　参	形　　参
数组名	数组名
数组名	指针变量
指针变量	数组名
指针变量	指针变量

▭ 案例分析

例 7.4 编写在数组的最后一个元素中存放其他元素之和的函数。
程序代码：

扫一扫看本例题源程序代码

```c
#include <stdio.h>
void summary(int * p, int n);
int main()
{
    int a[11] = { 1,2,3,4,5,6,7,8,9,10 };
    summary(a, 10);
    printf("Sum is %d\n", a[10]);
    return 0;
}
void summary(int *p, int n)
{
    int  s = 0;
    for (; n>0; n--, p++)  s += *p;
    *p = s;
}
```

运行结果：

```
Sum is 55
```

程序注解：

函数 summary 还可写为以下形式。

```c
void summary(int arr[], int n)
{
    int  i, s = 0;
    for (i = 0; i<n; i++)
        s += arr[i];
    arr[n] = s;
}
```

📋 编程练习

扫一扫看本
练习题源程
序代码

练习 7.4 编程，将整型数组 a 中的整数按相反顺序存放。

7.4　字符串的指针和指向字符串的指针变量

扫一扫看字
符串与指针
课教案设计

📋 知识讲解

字符串是一种特殊的一维数组，所以 7.3 节中介绍的方法同样适用于对字符串的访问。在 C 语言中，可以用以下两种方法访问一个字符串。

（1）用字符数组存放一个字符串，再输出该字符串。

```c
char string[]="I love China!";
```

（2）用字符串指针指向一个字符串。

```c
char *string="I love China!";
```

字符串指针变量的定义说明与指向字符变量的指针变量说明是相同的。只能按对指针变量的赋值不同来区分。对指向字符变量的指针变量应赋予该字符变量的地址。

📋 案例分析

例 7.5　输出字符串中 n 个字符后的所有字符。
程序代码：

扫一扫看
本例题源
程序代码

```c
#include <stdio.h>
int main()
{
    char *ps = "this is a book";
    int n = 10;
    ps = ps + n;
    printf("%s\n", ps);
    return 0;
}
```

运行结果：

```
book
```

程序注解：

在程序中对 ps 进行初始化时，把字符串首地址赋予 ps，当 ps= ps+10 之后，ps 指向字符'b'，因此输出为"book"。

编程练习

练习 7.5 在输入的字符串中查找有无字符'M'。

扫一扫看本
练习题源程
序代码

知识延伸

字符串指针变量与字符数组的区别如下。
定义及初始化：

```
char s[]="hello";               char  *p="hello";
```

赋值：

```
char s[6];                      char  *p;
s="hello";   /* 这是不对的 */    p="hello";
strcpy(s, "hello");             strcpy(p, "hello");
使用 s 时不能自加/减。            p 可以自加/减。
```

7.5 指向函数的指针变量

知识讲解

在 C 语言中，一个函数总是占用一段连续的内存区，而函数名就是该函数所占内存区的首地址。我们可以把函数的这个首地址(或称入口地址)赋予一个指针变量，使该指针变量指向该函数，再通过指针变量就可以找到并调用这个函数。

把这种指向函数的指针变量称为"函数指针变量"。

函数指针变量定义的一般形式如下。

```
类型说明符 (*指针变量名)();
```

其中，"类型说明符"表示被指函数的返回值的类型，"(* 指针变量名)"表示"*"后面的变量是定义的指针变量，最后的空括号表示指针变量所指的是一个函数。

例如：

```
int (*pf)();
```

表示 pf 是一个指向函数入口的指针变量，该函数的返回值(函数值)是整型。

调用函数的一般形式如下：

(*指针变量名)　(实参表)

□ **案例分析**

例 7.6　使用指针实现对函数的调用。

程序代码：

扫一扫看
本例题源
程序代码

```c
#include <stdio.h>
int max(int a, int b) {
    if (a>b)return a;
    else return b;
}
main() {
    int max(int a, int b);
    int(*pmax)(int a,int b);
    int x, y, z;
    pmax = max;
    printf("input two numbers:\n");
    scanf("%d%d", &x, &y);
    z = (*pmax)(x, y);
    printf("max mum=%d\n", z);
}
```

运行结果：

```
2 5
max mum=5
```

程序注解：

① 定义函数指针变量，如 int(*pmax)(int a,int b);定义 pmax 为函数指针变量。

② 把被调函数的入口地址(函数名)赋予该函数指针变量，如程序中的 pmax=max;。

③ 用函数指针变量形式调用函数，如程序中的 z=(*pmax)(x,y);。

📄 **知识延伸**

使用函数指针变量时还应注意以下两点。

① 函数指针变量不能进行算术运算，这是与数组指针变量不同的。数组指针变量加减一个整数可使指针移动以指向后面或前面的数组元素，而函数指针的移动是毫无意义的。

② 函数调用中"(*指针变量名)"两侧的括号不可少，其中的*不应该理解为求值运算，在此处其只是一种表示符号。

本章小结

指针是 C 语言的重要特色，掌握了指针的运用才能说掌握了 C 语言的精髓。本章主要说明了指针变量的定义、指针变量的运算、指针作为参数的使用方法，并介绍了指针与一维数组、指针与字符串之间的关系，只能说是指针的初步应用。要想灵活掌握指针的运用，这部分内容必须深刻领会，进一步的扩展应用大家可以参考更全面的书籍，并进行大量的编程练习。

扫一扫看本习题参考答案

习题 7

一、选择题

1. 变量的指针，其含义是指该变量的（　　　）。
   　A．值　　　　　　　　B．地址　　　　　　　C．名　　　　　　　D．一个标志

2. 若有定义 int a[5];，则 a 数组中首元素的地址可以表示为（　　　）。
   　A．&a　　　　　　　　B．a+1　　　　　　　C．a　　　　　　　D．&a[1]

3. 若有说明 int a=2, *p=&a, *q=p;，则以下非法的赋值语句是（　　　）。
   　A．p=q;　　　　　　　B．*p=*q;　　　　　　C．a=*q;　　　　　D．q=a;

4. 下列判断正确的是（　　　）。
   　A．char *s="girl";　　　　　　　　等价于　　char *s; *s="girl";
   　B．char s[10]={"girl"};　　　　　　等价于　　char s[10]; s[10]={"girl"};
   　C．char *s="girl";　　　　　　　　等价于　　char *s; s="girl";
   　D．char s[4]= "boy", t[4]= "boy";　　等价于　　char s[4]=t[4]= "boy"

5. 以下不能正确进行字符串赋初值的语句是（　　　）。
   　A．char str[5]= "good!";　　　　　　　B．char *str="good!";
   　C．char str[]="good!";　　　　　　　　D．char str[5]={'g','o','o','d'};

二、填空题

1. 数组在内存中占用一段连续的存储空间，它的首地址由＿＿＿＿＿＿＿＿表示。

2. 在 C 程序中，指针变量能够赋＿＿＿＿＿＿＿＿值或＿＿＿＿＿＿＿＿值。

3. 若定义 int a=511,*b=&a;，则 printf("%d\n",*b);的输出结果为＿＿＿＿＿＿＿＿。

4. 下面程序段的运行结果是＿＿＿＿＿＿＿＿＿＿＿＿＿＿＿＿＿＿＿＿＿。

```
#include "stdio.h"
int main()
{
    char s[] = "example!", *t;
    t = s;
    while (*t != 'p')
    {
        printf("%c", *t - 32); t++;
    }
    return 0;
}
```

5.以下程序能调用 findmax 函数返回数组中的最大值。在下画线处填入合适的内容。

```c
#include "stdio.h"
int findmax( int *a, int n) {
    int *p, *s;
    for (p = a, s = a; p - a<n; p++)
        if (_____) s = p;
    return (*s);
}
int main() {
    int x[5] = { 12,21,13,6,18 };
    printf("%d\n", findmax(x, 5));
    return 0;
}
```

三、编程题

1. 用指针方法编写一个程序，输入 3 个整数，将它们按由小到大的顺序输出。

2. 用指针方法编写一个程序，输入 3 个字符串，将它们按由小到大的顺序输出。

3. 编程输入一行文字，找出其中的字母、空格、数字其他字符的个数。

4. 编写一程序，用指针数组在主函数中输入十个等长的字符串。用另一个函数对它们进行排序，然后在主函数中输出 10 个已排好序的字符串。

5. 有一字符串，包含 n 个字符。编写一个函数，将此字符串从第 m 个字符开始的全部字符复制成另一个字符串并输出。

 扫一扫看第 1 题源程序代码

 扫一扫看第 2 题源程序代码

 扫一扫看第 3 题源程序代码

 扫一扫看第 4 题源程序代码

 扫一扫看第 5 题源程序代码

第8章

结构体与共用体

扫一扫看本章教学课件

知识目标

- 理解结构体变量
- 理解结构体数组
- 理解结构体指针
- 理解共用体类型变量

能力目标

- 掌握用结构体变量处理"记录"类数据的方法
- 掌握使用结构体数组处理多个"记录"类数据的方法
- 掌握在函数中结构体的使用
- 掌握共用体变量的使用

8.1 结构体变量定义、引用和初始化

扫一扫看
结构体课
教案设计

在实际问题中，一组数据往往具有不同的数据类型。例如，在学生登记表中，姓名应为字符型；学号可为整型或字符型；年龄应为整型；性别应为字符型；成绩可为整型或实型。 由于各数据类型不一致，因此不能用一个数组来存放这一组数据。这是因为数组中各元素的类型和长度都必须要求一致，以便于编译系统处理。为了解决这个问题，C 语言中给出了另一种构造数据类型——"结构体"，它相当于其他高级语言中的记录。

🗐 知识讲解

1. 结构体的定义

"结构体"是一种构造类型，它是由若干"成员"组成的。每一个成员可以是一个基本数据类型或者又是一个构造类型。 结构体是一种"构造"而成的数据类型，在说明和使用之前必须先定义，也就是先构造它，如同在说明和调用函数之前要先定义函数一样。

定义一个结构体的一般形式如下：

```
struct 结构名
{ 成员表列 };
```

结构体类型的名称是由关键字 struct 和结构体名组合而成的；"成员表列"由若干个成员组成，每个成员都是该结构体的一个组成部分。对每个成员也必须做类型说明，其一般形式如下：

```
类型说明符 成员名;
```

成员名的命名应符合标识符的书写规定。例如：

```
struct stu
{
    int num;
    char name[20];
    char sex;
    float score;
};
```

在这个结构体定义中，结构体名为 stu，该结构由 4 个成员组成。 第一个成员为 num，是整型变量；第二个成员为 name，是字符数组；第三个成员为 sex，是字符变量；第四个成员为 score，是实型变量。应注意花括号后的分号是不可少的。

结构体定义之后，即可进行变量说明。 凡说明为结构 stu 的变量都由上述 4 个成员组成。由此可见，结构体是一种复杂的数据类型，是数目固定、类型不同的若干有序变量的集合。

2. 定义结构体类型变量

说明结构体变量有以下三种方法。以上面定义的 stu 为例来加以说明。

（1）先定义结构体，再说明结构体变量。例如：

```
struct stu
{
  int num;
  char name[20];
  char sex;
  float score;
};
struct stu student1,student2;// 定义了两个结构体变量——student1、student2
```

其说明了两个变量 student1 和 student2 为 stu 结构类型。也可以用宏定义使用一个符号常量来表示一个结构体类型，例如：

```
#define STU struct stu
STU
{
int num;
char name[20];
char sex;
float score;
};
STU student1,student2;
```

（2）在定义结构体类型的同时说明结构体变量。例如：

```
struct stu
{
  int num;
  char name[20];
  char sex;
  float score;
}student1,student2;
```

这种定义方法的一般形式如下：

```
struct 结构体名
{
  成员表列
}变量名表列;
```

这种方法说明类型和定义变量放在一起进行，能直接看到结构体的结构，比较直观，在编写程序时用此方式比较方便。

（3）不指定类型名而直接说明结构变量。例如：

```
struct
```

```
{
    int num;
    char name[20];
    char sex;
    float score;
}student1,student2;
```

这种定义方法的一般形式如下：

```
struct
{
    成员表列
}变量名表列;
```

这种方法与第二种方法的区别在于这种方法中省去了结构体名，而直接给出了结构体变量。但这种方法因为没有出现结构体名而无法再以此结构体类型去定义其他变量，因此这种方法使用得不多。

以上三种方法中说明的 student1、student2 变量都具有相同的结构。定义 student1、student2 变量为结构体 stu 类型后，即可向这两个变量中的各个成员赋值。

3. 结构体变量的引用

除了允许具有相同类型的结构体变量相互赋值以外，一般对结构体变量的使用，包括赋值、输入、输出、运算等，都是通过结构体变量的成员来实现的。

表示结构体变量成员的一般形式如下：

结构体变量名.成员名

例如，student1.num 为第一个学生的学号，student2.sex 为第二个学生的性别。

案例分析

例 8.1　把一个学生的信息（包括学号、姓名、性别、成绩）放在一个结构体类型变量中，再输出这个学生的信息。

程序代码：

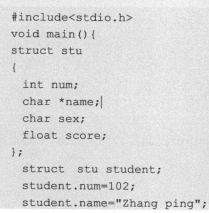
扫一扫看本例题源程序代码

```
#include<stdio.h>
void main(){
struct stu                       //说明结构体变量 stu
{
    int num;
    char *name;
    char sex;
    float score;
};
    struct  stu student;         //定义结构体类型变量 student
    student.num=102;
    student.name="Zhang ping";
```

```
        printf("input sex and score:\n");
        scanf("%c %f",&student.sex,&student.score);
        printf("Number=%d\nName=%s\n",student.num,student.name);
        printf("Sex=%c\nScore=%f\n",student.sex,student.score);
    }
```

运行结果：

```
input sex and score:
m 253✓
Number=102
Name="Zhang ping"
Sex='m'
Score=253
```

程序注解：

① 此例采用先定义结构体，再说明结构体变量的方法。

② 通过结构体变量的引用，可以对其进行赋值。赋值可以通过赋值语句来实现，也可以通过 scanf()函数来实现。

③ 结构体变量不能作为一个整体进行输入和输出。如本题输出结构体变量值时，是通过结构体变量的引用来进行输出的。

☐ 案例分析

例 8.2　分析下列结构体案例代码，理解结构体变量的初始化和相同结构体类型变量的赋值。

程序代码：

```
#include<stdio.h>
struct date                    //定义一个结构体类型 date
{
  int year;
  int month;
  int day;
};
struct stu                    //定义一个结构体类型 stu
{
  int num;
  char name[20];
  char sex;
  struct date birthday;
  float score;
}student2,student1={102,"Zhang ping",'M',1988,7,13,78.5};  //对结构体变
量 student1 赋初值
void main()
{
  student2=student1;                    //相同结构体类型的变量赋值
```

```
        printf("Number:%d\nName:%s\nSex:%c\n",student2.num,student2.name,
student2.sex);
        printf("birthday:%d-%d-%d\n", student2.birthday.year, student2.birthday.
month, student2.birthday.day);
        printf("Score:%.2f\n", student2.score);
    }
```

运行结果：

```
Number:102
Name: Zhang ping
Sex: M
birthday: 1988-7-13
Score: 78.50
```

程序注解：

① 此例中首先定义了一个结构体类型 date，由 year(年)、month(月)、day(日)三个成员组成。在定义结构体类型 stu 并说明变量 student1 和 student2 时，其中的成员 birthday 被说明为 data 结构类型。

② 结构体成员既可以是基本数据类型或数组类型，如 int num；也可以属于另一个结构体类型，即结构体可以嵌套定义，当结构体嵌套定义时，需要用若干个结构体成员运算符一层一层地找到最底层的成员，如本例的 student2.birthday.year，这样才能访问到 year 成员。

③ 如果结构变量是全局变量，则可对它做初始化赋值。

④ ANSI C 标准允许将一个结构体类型的变量作为一个整体赋给另一个具有相同结构体类型的变量，如此例代码中的 student2=student1。

📋 **编程练习**

练习 8.1 利用结构体来实现：输入"zhangsan"、"lisi"两个学生的学号、成绩，输出成绩较高的学生的学号、姓名和成绩。

扫一扫看本练习题源程序代码

📄 **知识延伸**

（1）结构体类型与结构体变量是不同的概念，不要混淆。只能对结构体变量进行赋值、存取或运算，而不能对一个类型进行赋值、存取或运算。

（2）结构体类型中的成员名可以与程序中的变量名相同，但二者不代表同一对象。例如，例 8.2 程序中可以定义一个普通变量 num，它与 struct student 中的 num 是两回事，互不干扰。

8.2 结构体数组

数组的元素也可以是结构体类型的，因此可以构成结构体数组。结构体数组的每一个元素都是具有相同结构类型的下标结构变量。在实际应用中，经常用结构体数组来表示具有相同数据结构的一个群体，如一个班的学生档案、一个车间的职工工资表等。

知识讲解

定义结构体数组的一般形式如下：

```
struct 结构体类型名
{
  成员表列
};
struct 结构体类型名 数组名[数组长度];
```

结构体数组元素与一般数组一样，也是通过数组名和下标来引用的，但因其元素是结构体类型的变量，因此对结构体数组元素的引用与对结构体变量的引用一样，都是逐级引用，只能对最底层的成员进行存取和运算。结构体数组的一般引用形式如下：

```
数组名.[下标].成员名
```

案例分析

例 8.3 有 n 件商品的信息（包括编号、品名、价格），要求按照其价格的高低顺序输出各商品的信息。

程序代码：

```
#include<stdio.h>
struct goods{                           //定义一个结构体类型 goods
  int num;
  char name[20];
  float price;
};
int main()
{
  struct  goods g[5]=                   //定义结构体类型数组 g
{
{10021,"shirt",65.8},{10032,"trousers",178.5},{10012,"sweater",106.5},
{10087,"overcoat",256},{10092,"blouse",82.5}
};
struct goods temp;                      //定义结构体类型临时变量 temp
const int n=5;
int i,j,k;
printf("The order is:\n");
for(i=0;i<n-1;i++)
  { k=i;
   for(j=i+1;j<n;j++)
     if(g[j].price > g[k].price)
       k=j;
       temp=g[k];  g[k]=g[i];  g[i]=temp;
}
```

```
for(i=0;i<n;i++)
  printf("%6d %8s %6.2f\n",g[i].num,g[i].name,g[i].price);
printf("\n");
return 0;
}
```

运行结果：

```
The order is:
10087  overcoat  256.00
10032  trousers  178.50
10012  sweater   106.5
10092  blouse    82.50
10021  shirt     65.80
```

程序注解：

① 对结构体数组初始化的形式是在定义数组的后面加上等号和"初值表列"，这和普通数组的初始化是一样的。由于结构体是由不同类型的数据组成的，所以要特别注意初始化数据的顺序、类型与结构体类型说明时相匹配。

② 结构体数组初始化时，为清晰起见，将每个商品的信息用一对花括号括起来，这样能使阅读和检查更方便，尤其是当数据量多时。

③ 注意：临时变量 temp 也必须定义成 struct goods 类型，因为只有同类型的结构体变量才能互相赋值。

编程练习

练习 8.2　已知 3 个学生的学号、姓名、性别及年龄，要求通过直接赋值的方式将数据赋给某结构体数组，然后输出该结构体数组的所有值。

扫一扫看本练习题源程序代码

8.3　结构体在函数中的应用

扫一扫看结构体在函数中的应用、共用体课教案设计

知识讲解

在 ANSI C 标准中，将一个结构体变量的值传递给另一个函数有三种方法：用结构体变量的成员做参数；用结构体变量做参数；用指向结构体变量（或数组）的指针做实参，将结构体变量（或数组元素）的地址传给形参。

虽然允许用结构变量做函数参数进行整体传送，但是这种传送采取的也是"值传递"方式，要对全部成员进行逐个传送，特别是成员为数组时，将会使传送的时间和空间开销很大，严重地降低了程序的效率。此外，由于采用值传递方式，如果在执行被调函数期间改变了形参（也是结构体变量）的值则该值不能返回主调函数，这往往造成使用上的不便。因此，最好的办法就是使用指针，即用指针变量做函数参数进行传送。此时，由实参传向形参的只是地址，从而减少了时间和空间上的开销。

例 8.4　有 n 个结构体变量，内含学生学号、姓名和 3 门课程的成绩，要求输出平均成绩最高的学生的信息（包括学号、姓名、3 门课程成绩和平均成绩）。

程序代码：

```c
#include<stdio.h>
# define N 3
struct student
{
  int num;
  char name[20];
  float score[3];
  float aver;
};

int main()
{
  void input(struct student stu[]);
  struct student max(struct student stu[]);
  void print(struct student stu);
  struct student stu[N],*p=stu;
  input(p);
  print(max(p));
  return 0;
}

void input(struct student stu[])
{
  int i;
  printf("请输入各学生的信息：学号、姓名、三门课程的成绩：\n");
  for(i=0;i<N;i++)
    {
    scanf("%d  %s  %f  %f  %f",&stu[i].num,stu[i].name,&stu[i].score[0],
&stu[i].score[1], &stu[i].score[2]);
    stu[i].aver=(stu[i].score[0]+stu[i].score[1]+stu[i].score[2])/3.0;
    }
}

struct student max(struct student stu[])
{
  int i,m=0;
  for(i=0;i<N;i++)
   if(stu[i].aver>stu[m].aver) m=i;
  return stu[m];
}
```

扫一扫看
本例题源
程序代码

```
void print(struct student stud)
{
    printf("\n成绩最高的学生信息如下。\n");
    printf("学号：%d\n 姓名：%s\n 三门课程的成绩：%5.1f，%5.1f，%5.1f\n 平均成
绩：%6.2f\n",
        stud.num,stud.name,stud.score[0],                    stud.score[1],
stud.score[2],stud.aver);
}
```

运行结果：

请输入各学生的信息：学号、姓名、三门课程的成绩：
10101 li 78 89 98✓
10102 wang 98.5 87 69✓
10103 sun 88 76.5 89✓

成绩最高的学生信息如下。

学号：10101
姓名：li
三门课程的成绩： 78.0， 89.0， 98.0
平均成绩： 88.33

程序注解：

① 本例中 3 个函数的调用情况各不相同。

a. 调用 input 函数时，实参是指针变量 p，形参是结构体数组，传递的是结构体元素的地址，函数无返回值。

b. 调用 max 函数时，实参是指针变量 p，形参是结构体数组，传递的是结构体元素的地址，函数的返回值是结构体类型数据。

c. 调用 print 函数时，实参是结构体变量（结构体数组元素），形参是结构体变量，传递的是结构体变量中各成员的值，函数无返回值。

② 在主函数中调用 print 函数，实参是 max（p）。其调用过程是先调用 max 函数（以 p 为实参），得到 max（p）的值（此值是一个 struct student 类型的数据），再用它调用 print 函数。

编程练习

练习 8.3　现有 n 个学生的信息，包括学号、姓名、性别、成绩，计算这些学生的平均成绩和不及格人数，用结构指针变量做函数参数进行编程。

扫一扫看本练习题源程序代码

知识延伸

（1）结构体变量可以作为参数传递给函数及由函数返回，作为函数参数的传递方式与简单变量作为函数参数的处理方式完全相同，即采用"值传递"方式。结构体变量中各成员值的改变，对相应实参结构体变量不产生任何影响。

（2）结构体数组可以作为参数传递给函数，与数组作为函数参数的处理方式完全相同，即采用"地址传递"方式。结构体变量中各成员值的改变，对相应实参结构体变量产生影响。

8.4　共用体

在实际问题中有很多这样的例子：学校中教师和学生要填写以下表格：姓名、年龄、职业、单位；"职业"一项可分为"教师"和"学生"两类；对于"单位"一项，学生应填入班级编号，教师应填入某系某教研室；班级可用整型量表示，教研室只能用字符类型。把这两种类型不同的数据都填入"单位"这个变量中，就必须把"单位"定义为包含整型和字符型数组两种类型的"共用体"。

共用体与结构体有一些相似之处，但两者有本质上的不同。结构体的各个成员会占用不同的内存，互相之间没有影响；而共用体的所有成员占用同一段内存，修改一个成员会影响其余所有成员；结构体占用的内存大于等于所有成员占用的内存的总和（成员之间可能会存在缝隙），共用体占用的内存等于最长的成员占用的内存。共用体使用了内存覆盖技术，同一时刻只能保存一个成员的值，如果对新的成员赋值，就会把原来成员的值覆盖。如前面介绍的"单位"变量，如定义为一个可装入"班级"或"教研室"的共用体后，就允许赋予整型值（班级）或字符串（教研室）。但要么赋予其整型值，要么赋予其字符串，不能把两者同时赋予它。

知识讲解

一个共用体类型必须经过定义之后，才能把变量说明为该共用体类型。

1. 共用体的定义

定义一个共用体类型的一般形式如下：

```
union 共用体名
{
   成员列表
}变量列表;
```

成员列表中含有若干成员，成员的一般形式如下：

```
类型说明符 成员名
```

成员名的命名应符合标识符的规定。

例如：

```
union perdata
{
  int classno;
  char office[20];
};
```

此例定义了一个名为 perdata 的共用体类型，它含有两个成员：一个为整型，成员名为 classno；另一个为字符数组，数组名为 office。共用体定义之后即可进行共用体变量说明，被说明为 perdata 类型的变量，可以存放整型量 classno 或存放字符数组 office[20]。

2. 共用体变量的说明

共用体变量的说明和结构体变量的说明方式相同，也有三种形式，即先定义再说明，定义的同时说明和直接说明。以 perdata 类型为例，说明如下：

共用体变量说明形式 1：

```
union perdata
{
int classno;
char officae[10];
};
union perdata pera,perb;        /*先定义，再说明 pera、perb 为 perdata 类型*/
```

共用体变量说明形式 2：

```
union perdata
{ int classno;
char office[10];
}pera, perb;                    // pera、perb 在定义共用体的同时说明
```

共用体变量说明形式 3：

```
union                           //没有定义共用体类型名
{
int classno;
char office[10];
}pera, perb;                    // pera、perb 直接说明为共用体变量
```

经说明后的 pera、perb 变量均为 perdata 类型。pera、perb 变量的长度应等于 perdata 的成员中最长的长度，即等于 office 数组的长度，共 10 字节，因为 pera、perb 变量当被赋予整型值时，只使用了 2 字节，而赋予字符数组时，可用 10 字节。

3. 共用体变量的赋值和使用

对共用体变量的赋值、使用都只能对变量的成员进行。共用体变量的成员表示方法如下：

共用体变量名.成员名

例如，pera 被说明为 perdata 类型的变量之后，可使用 pera.classno、pera.office 进行使用。不允许只用共用体变量名做赋值或其他操作，也不允许对共用体变量做初始化赋值，赋值只能在程序中进行。还要强调说明的是，一个共用体变量，每次只能赋予一个成员值。换句话说，一个共用体变量的值就是共用体变量的某一个成员值。

例 8.5 设有一个教师与学生通用的表格，教师数据有姓名、年龄、职业、教研室四项，学生有姓名、年龄、职业、班级四项，其中教研室为字符型数据，而班级为整型数据。请用共用体类型编程输入人员数据，再以表格形式输出。

程序代码：

```c
#include<stdio.h>
void main()
{
struct
{
  char name[10];
  int age;
  char job;
  union
  {
    int classno;
    char office[10];
  } depa;
}body[2];
int n,i;
for(i=0;i<2;i++)
{
  printf("input name,age,job and department\n");
  scanf("%s %d %c",body[i].name,&body[i].age,&body[i].job);
  if(body[i].job=='s')
    scanf("%d",&body[i].depa.classno);
  else
    scanf("%s",body[i].depa.office);
}
printf("name \t age \t job \t classno/office\n");
for(i=0;i<2;i++)
{
  if(body[i].job=='s')
    printf("%s %3d %3c \t %d\n",body[i].name,body[i].age
    ,body[i].job,body[i].depa.classno);
  else
    printf("%s %3d %3c \t %s\n",body[i].name,body[i].age,
    body[i].job,body[i].depa.office);
}
}
```

运行结果：

```
input name,age,job and department
wangjian 20 s 161
input name,age,job and department
```

```
liufeng 42 t computer
name      age    job    classno/office
wangjian  20     s      161
liufeng   42     t          computer
```

程序注解：

① 此例用一个结构体数组 body 来存放人员数据，该结构共有四个成员，其中，成员项 depa 是一个共用体类型，这个共用体又由两个成员组成，一个为整型量 classno，一个为字符数组 office。在程序的第一个 for 语句中，输入人员的各项数据，先输入结构的前三个成员 name、age 和 job，然后判别 job 成员项，如为"s"，则对共用体 depa.classno 输入(对学生赋班级编号)，否则对 depa.office 输入(对教师赋教研组名)。

② 在用 scanf 语句输入时要注意，凡为数组类型的成员，无论是结构成员还是共用体成员，在该项前不能再加 "&" 运算符，如 body[i].name 是一个数组类型，此例中的 body[i].depa.office 也是数组类型，因此在这两项之前不加 "&" 运算符。

③ 程序中的第二个 for 语句用于输出各成员项的值。注意，要输出共用体的值，必须是对共用体成员的值进行输出。

📋 编程练习

练习 8.4　有若干个人员的数据，其中有职员和领导。职员的数据中包括工号、姓名、性别、年龄、部门，领导的数据包括工号、姓名、性别、年龄、职位。其中，职员的"部门"为整型数据，而领导的"职位"是字符类型。要求用同一个表格来处理，请用共用体编程实现。

📑 知识延伸

在使用共用体类型数据时要注意以下特点。

（1）同一个内存段可以用来存放几种不同类型的成员，但在每一瞬时只能存放其中一个成员，而不是同时存放几个。因为在每一瞬时，存储单元只能有唯一的内容，也就是说，在共用体变量中只能存放一个值。

（2）可以对共用体变量进行初始化，但初始化表中只能有一个常量。下面的用法不对：

```
union Data
{
    int I;
    char ch;
    float f;
}a={1,'a',1.5};          //错误，不能初始化三个成员，它们占用同一段内存单元
union Data a={16};       //正确，对第一个成员进行初始化
union Data a={ch='j'};   //正确，程序允许对指定的一个成员进行初始化
```

（3）共用体变量中起作用的成员是最后一次被赋值的成员，在对共用体变量中的一个成员赋值后，原有变量存储单元中的值就会被取代。

（4）共用体变量的地址和其各成员的地址都是同一地址。

（5）不能对共用体变量名赋值，也不能企图引用变量来得到一个值。

（6）程序允许用共用体变量做函数参数。

（7）共用体类型可以出现在结构体类型定义中，也可以定义共用体数组。反之，结构体类型也可以出现在共用体类型定义中，数组也可以作为共用体的成员。

本章小结

结构体和共用体是特殊的自定义类型，它们能够在特定的场合发挥特殊作用。结构体和共用体变量的定义、引用和初始化要按照其类型特点进行操作。对结构体和共用体的访问，都是以访问其成员的方式进行的。结构体和共用体都可以定义数组。

习题 8

扫一扫看本习题参考答案

一、选择题

1. 下列说法正确的是（　　）。

   A. 结构体的每个成员的数据类型必须是基本数据类型

   B. 结构体的每个成员的数据类型都相同，这一点与数组一样

   C. 结构体定义时，其成员的数据类型不能是结构体本身

   D. 以上说法均不正确

2. 若有以下结构体定义，则（　　）是正确的引用或定义。

```
struct exam
{
  int x;
  int y;
}val;
```

  A.　val.x=10　　　　　　　　　　B.　exam　va2; va2.x=10;

  C.　struct va2; va2.x=10;　　　　D.　struct exam va2={10};

3. 如果已定义了如下的共用体类型变量 x，在基于 16 位的编译系统中，其所占用的内存字节数为（　　）。

```
union data
{
  Int  i;
  char ch;
  double f;
}x;
```

  A. 7　　　　　　　B. 11　　　　　　　C. 8　　　　　　　D. 10

4. 有以下定义：

```
struct stru
{
  int a,b;
  char c[6];
}test;
```

在基于 16 位的编译系统中，sizeof（struct test）的值是（　　）。

A．2　　　　　　B．8　　　　　C．5　　　　　　　D．10

5．以下关于结构体数组的描述中错误的是（　　）。

A．结构体数组的元素是结构体变量

B．结构体数组类型可以作为结构体的成员类型

C．结构体数组元素的成员可以是结构体类型

D．定义结构体数组时，只有静态结构体数组才能定义并同时进行赋值

二、编程题

1．图书馆馆藏图书的信息包括书名、书号、作者、单价、出版社、出版时间，请通过定义结构体类型变量，存储一本书的信息，从键盘上输入数据并显示到屏幕上。

2．试利用结构体类型编写一程序，以输入一名学生的数学期中和期末成绩，然后计算并输出其平均成绩。

3．定义一个结构体类型，用来描述出生日期，该结构包括 3 个成员变量，分别描述年、月、日的信息。

4．建立 n 名学生的信息登记表，其中包括学号、姓名、性别及 4 门功课（语文、数学、英语、政治）的成绩。按下列要求完成编程。

① 输入 n 名学生的相关数据。

② 显示每名学生 4 门功课中的最低分、最高分。

③ 显示有 2 门及以上功课不及格的学生人数。

④ 检索以学号为指定数的学生的信息。

5．计算一组学生的平均成绩和不及格人数，用结构指针变量做函数参数进行编程。

第9章

文 件

知识目标

- 理解文件指针的含义
- 理解文件的打开和关闭操作
- 理解读写数据文件的函数功能

能力目标

- 掌握文件操作的基本方法和步骤
- 掌握常用文件操作函数的基本使用
- 掌握文件的定位与随机读写
- 会处理和调试文件操作过程中出现的常见问题

9.1 文件的概念与类别

文件是程序设计中一个重要的概念。所谓"文件"一般指存储在外部介质上数据的集合。数据是以文件的形式存放在外部介质（如磁盘）上的。操作系统是以文件为单位对数据进行管理的，也就是说，如果想查找存放在外部介质上的数据，必须先按文件名找到所指定的文件，再从该文件中读取数据。要向外部介质上存储数据也必须先建立一个文件（以文件名作为标志），再向它输出数据。

在前面的各章中已经多次使用了文件，如源程序文件（扩展名为.c）、目标文件（扩展名为.obj）、可执行文件（扩展名为.exe）、库文件（扩展名为.h）等。从不同的角度可对文件进行不同的分类。从用户的角度看，文件可分为普通文件和设备文件两种。从文件编码的方式来看，文件又可以分为 ASCII 码文件和二进制码文件两种。

1. 普通文件和设备文件

普通文件是指驻留在磁盘或其他外部介质上的一个有序数据集，可以是源文件、目标文件、可执行程序；也可以是一组待输入处理的原始数据，或者是一组输出的结果。源文件、目标文件、可执行程序可以称为程序文件，输入输出数据可称作数据文件。

设备文件是指与主机相连的各种外部设备，如显示器、打印机、键盘等。在操作系统中，把外部设备也看做一个文件来进行管理，把它们的输入、输出等同于对磁盘文件的读和写。通常把显示器定义为标准输出文件，一般情况下在屏幕上显示有关信息就是向标准输出文件输出，如前面经常使用的 printf、putchar 函数就是这类输出。键盘通常被指定为标准的输入文件，从键盘上输入就意味着从标准输入文件上输入数据，scanf、getchar 函数就属于这类输入。

2. ASCII 码文件和二进制码文件

ASCII 文件也称为文本文件，这种文件在磁盘中存放时每个字符对应一个字节，用于存放对应的 ASCII 码。ASCII 码文件可在屏幕上按字符显示，如源程序文件就是 ASCII 码文件，用 DOS 命令 TYPE 可显示文件的内容。由于是按字符显示的，因此能读懂文件内容。

二进制文件是按二进制的编码方式来存放文件的。二进制文件虽然也可在屏幕上显示，但是其内容无法读懂。C 系统在处理这些文件时，并不区分类型，都看做字符流，按字节进行处理。输入输出字符流的开始和结束只由程序控制而不受物理符号（如回车符）的控制，因此也把这种文件称为"流式文件"。

9.2 文件的打开与关闭

 扫一扫看文件基本操作课教案设计

 扫一扫看文件打开关闭课教案设计

1. 定义文件指针

在 C 语言中可用一个指针变量指向一个文件，这个指针称为文件指针。通过文件指针即可对它所指的文件进行各种操作。定义说明文件指针的一般形式如下：

```
FILE  *指针变量标识符；
```

其中，FILE 应为大写，实际上是由系统定义的一个结构，该结构中含有文件名、文件状态和文件当前位置等信息。在编写源程序时不必关心 FILE 结构的细节。例如，FILE *fp;表示 fp 是指向 FILE 结构的指针变量，通过 fp 即可找到存放某个文件信息的结构变量，再按结构变量提供的信息找到该文件，实施对文件的操作。习惯上，也笼统地把 fp 称为指向一个文件的指针。

2. 文件的打开与关闭

文件在进行读写操作之前要先打开，使用完毕要关闭。所谓打开文件，实际上是建立文件的各种有关信息，并使文件指针指向该文件，以便进行其他操作。关闭文件则断开指针与文件之间的联系，即禁止再对该文件进行操作。在 C 语言中，文件操作都是由库函数来完成的。

1）文件打开函数 fopen

fopen 函数用来打开一个文件，其调用的一般形式如下：

> 文件指针名=fopen(文件名,使用文件方式)

其中，"文件指针名"必须是被说明为 FILE 类型的指针变量，"文件名"是被打开文件的文件名，"使用文件方式"是指文件的类型和操作要求，"文件名"是字符串常量或字符串数组。例如：

```
FILE *fp;
fp= fopen ("file a","r");
```

其意义是在当前目录下打开文件 file a，只允许进行"读"操作，并使 fp 指向该文件。又如：

```
FILE *fphzk
fphzk= fopen ("c:\\test',"rb")
```

其意义是打开 C 磁盘根目录下的文件 test，这是一个二进制码文件，只允许按二进制方式进行读操作。两个反斜线"\\"中的第一个表示转义字符，第二个表示根目录。

使用文件的方式共有 12 种，表 9-1 给出了它们的符号和意义。

表 9-1　使用文件的方式及意义

文件使用方式	意　义
rt	打开一个文本文件，文件必须存在，只允许读数据
wt	打开或建立一个文本文件，文件必须存在，只允许写数据
at	打开或建立一个文本文件，并在文件末尾写数据
rb	打开一个二进制文件，文件必须存在，只允许读数据
wb	打开或建立一个二进制文件，已存在的文件将被删除，只允许写数据
ab	打开或建立一个二进制文件，只允许在文件末尾写数据
rt+	打开一个文本文件，文件必须存在，允许读和写

续表

文件使用方式	意　义
wt+	建立一个文本文件，已存在的文件将被删除，允许读写
at+	打开或新建一个文本文件，允许读，或在文件末追加数据
rb+	打开一个二进制文件，文件必须存在，允许读和写
wb+	建立一个二进制文件，已存在的文件将被删除，允许读和写
ab+	打开或新建一个二进制文件，允许读，或在文件末追加数据

对于文件使用方式有以下几点需要说明。

（1）文件使用方式由 r、w、a、t、b、+六个字符拼成，各字符的含义分别如下。

　　r(read)：读。

　　w(write)：写。

　　a(append)：追加。

　　t(text)：文本文件，可省略不写。

　　b(binary)：二进制文件。

　　+：读和写。

（2）凡用"r"打开一个文件时，该文件必须已经存在，且只能从该文件读出。

（3）用"w"打开的文件只能向该文件写入。若打开的文件不存在，则以指定的文件名建立该文件；若打开的文件已经存在，则将该文件删除，并重建一个新文件。

（4）若要向一个已存在的文件追加新的信息，只能用"a"方式打开文件。但此时该文件必须是存在的，否则将会出错。

（5）在打开一个文件时，如果出错，则 fopen 将返回一个空指针值 NULL。在程序中可以用这一信息来判别是否完成打开文件的工作，并做相应的处理。因此，常用以下程序段打开文件：

```
if((fp=fopen("c:\\test","rb")==NULL)
{
 printf("\nerror on open c:\\test file!");
 getchar();
 exit(1);
}
```

这段程序的意义如下：如果返回的指针为空，则表示不能打开 C 盘根目录下的 test 文件，并给出提示信息 "error on open c:\\test file!"； getchar()的功能是从键盘上输入一个字符，但不在屏幕上显示。在这里，该行的作用是等待，只有当用户从键盘上按任意键时，程序才继续执行，因此用户可利用这个等待时间阅读出错提示；按键后执行 exit(1)退出程序。

（6）把一个文本文件读入内存时，要将 ASCII 码转换成二进制码，而把文件以文本方式写入磁盘时，也要把二进制码转换成 ASCII 码，因此，文本文件的读写要花费较多的转换时间。对二进制文件的读写不存在这种转换。

（7）标准输入文件(键盘)、标准输出文件(显示器)、标准出错输出(出错信息)是由系统打开的，可直接使用。

2） 文件关闭函数 fclose

文件一旦使用完毕，应用关闭文件函数把文件关闭，以避免文件出现数据丢失等错误。

fclose 函数调用的一般形式如下：

```
fclose(文件指针);
```

例如：

```
fclose(fp);
```

正常完成关闭文件的操作时，fclose 函数返回值为 0。如返回非零值，则表示有错误发生。

9.3 文件的读写操作

对文件的读和写是最常用的文件操作。C 语言中提供了多种文件读写的函数，如下所示。

（1）字符读写函数：fgetc 和 fputc。

（2）字符串读写函数：fgets 和 fputs。

（3）数据块读写函数：freed 和 fwrite。

（4）格式化读写函数：fscanf 和 fprinf。

1. 字符读写函数

字符读写函数是以字符(字节)为单位的读写函数，每次可从文件读出或向文件写入一个字符。

知识讲解

1）读字符函数 fgetc

fgetc 函数的功能是从指定的文件中读一个字符，函数调用的一般形式如下：

```
字符变量=fgetc(文件指针);
```

例如：

```
ch=fgetc(fp);
```

其意义是从打开的文件 fp 中读取一个字符并送入 ch。

案例分析

例 9.1　读入文件 e9-1.c，并在屏幕上输出。

程序代码：

扫一扫看
本例题源
程序代码

```c
#include<stdio.h>
main()
{
  FILE *fp;
  char ch;
if((fp=fopen("c:\\e9_1.c","rt"))==NULL)
{
  printf("Cannot open file strike any key exit!");
  getchar();
  exit(1);
}
ch=fgetc(fp);
while (ch!=EOF)
  {
    putchar(ch);
    ch=fgetc(fp);
  }
fclose(fp);
}
```

运行结果：

输出文件"e9_1.c"中的内容。

程序注解：

此程序的功能是从文件中逐个读取字符，并在屏幕上进行显示。此程序定义了文件指针 fp，以读文本文件方式打开文件 "e9_1.c"，并使 fp 指向该文件。如打开文件出错，则给出提示并退出程序。while 循环部分只要读出的字符不是文件结束标志（每个文件末有一结束标志 EOF），就把该字符显示在屏幕上，再读入下一个字符。每读一次，文件内部的位置指针向后移动一个字符，文件结束时，该指针指向 EOF。执行此程序后将显示整个文件。

编程练习

练习 9.1　在 C 盘建立文件名为 ex9_1.txt 的文本文件，输入内容 "fgetc 函数的功能是从指定的文件中读一个字符。"，利用例 9.1 的方法将文件内容读取并输出。

知识延伸

对于 fgetc 函数的使用有以下几点说明。

（1）在 fgetc 函数调用中，读取的文件必须是以读或读写方式打开的。

（2）读取字符的结果也可以不向字符变量赋值，例如，fgetc(fp)；但是读出的字符不能保存。

（3）在文件内部有一个位置指针，用来指向文件的当前读写字节。在文件打开时，该指针总是指向文件的第一个字节。使用 fgetc 函数后，该位置指针将向后移动一个字节。因此，可连续多次使用 fgetc 函数，读取多个字符。　应注意文件指针和文件内部的位置指针

全媒体环境下学习C语言程序设计

不是一回事。文件指针是指向整个文件的，必须在程序中定义说明，只要不重新赋值，文件指针的值是不变的。文件内部的位置指针用以指示文件内部的当前读写位置，每读写一次，该指针均向后移动，它不需在程序中定义说明，而是由系统自动设置的。

📑 知识讲解

2）写字符函数 fputc

fputc 函数的功能是把一个字符写入指定的文件中，函数调用的一般形式如下：

```
fputc(字符量, 文件指针);
```

其中，待写入的字符量可以是字符常量或变量。

例如：

```
fputc('a',fp);
```

其意义是把字符 a 写入 fp 所指向的文件中。

🗔 案例分析

例 9.2 从键盘上输入一行字符，将这些字符写入一个文件，再把该文件内容读出显示在屏幕上。

程序代码：

扫一扫看本例题源程序代码

```c
#include<stdio.h>
main()
{
  FILE *fp;
  char ch;
  if((fp=fopen("string","wt+"))==NULL)
{
  printf("Cannot open file strike any key exit!");
  getchar();
  exit(1);
}
  printf("input a string:\n");
  ch=getchar();
while (ch!='\n')
{
  fputc(ch,fp);
  ch=getchar();
}
  rewind(fp);
  ch=fgetc(fp);
while(ch!=EOF)
{
  putchar(ch);
```

```
    ch=fgetc(fp);
    }
    printf("\n");
    fclose(fp);
    }
```

运行结果：

```
input a string:
fputc 函数的功能是把一个字符写入指定的文件中↙
fputc 函数的功能是把一个字符写入指定的文件中
```

程序注解：

此程序中第 6 行以读写文本文件方式打开文件 string，第 13 行从键盘读入一个字符后进入循环，当读入字符不为回车符时，把该字符写入文件之中，再继续从键盘读入下一字符。每输入一个字符，文件内部位置指针向后移动一个字节。写入完毕时，该指针已指向文件末。如要把文件从头读出，则必须把指针移向文件头。程序第 19 行中的 rewind 函数用于把 fp 所指文件的内部位置指针移到文件头。程序的第 20～25 行用于读出文件中的一行内容。

编程练习

练习 9.2　编写一个程序，从键盘上输入 5 个整数，写入文件 stu 中，并在屏幕上显示这些整数。

知识延伸

对于 fputc 函数的使用要说明以下几点。

（1）被写入的文件可以用写、读写、追加方式打开，用写或读写方式打开一个已存在的文件时将清除原有的文件内容，写入字符从文件头开始。如需保留原有文件内容，希望写入的字符从文件末开始存放，则必须以追加方式打开文件。若被写入的文件不存在，则创建该文件。

（2）每写入一个字符，文件内部位置指针向后移动一个字节。

（3）fputc 函数有一个返回值，如写入成功，则返回写入的字符，否则返回一个 EOF，可用此来判断写入是否成功。

2．字符串读写函数

知识讲解

1）读字符串函数 fgets

fgets 函数的功能是从指定的文件中读一个字符串到字符数组中，函数调用的一般形式如下：

```
fgets(字符数组名，n，文件指针);
```

其中，n 是一个正整数，表示从文件中读出的字符串不超过 n-1 个字符，要在读入的最后一个字符后加上串结束标志'\0'。

例如：

```
fgets(str,n,fp);
```

其意义是从 fp 所指的文件中读出 n-1 个字符并送入字符数组 str。

案例分析

例 9.3　从 e9_1.c 文件中读入一个含有 10 个字符的字符串。

程序代码：

```
#include<stdio.h>
main()
{
  FILE *fp;
  char str[11];
if((fp=fopen("c:\\e9_1.c ","rt"))==NULL)
{
  printf("Cannot open file strike any key exit!");
  getchar();
  exit(1);
}
fgets(str,11,fp);
printf("%s",str);
fclose(fp);
}
```

运行结果：

```
#include<s
```

程序注解：

此例定义了字符数组 str 共有 11 个字节，在以读文本文件方式打开文件 e9_1.c 后，从中读出 10 个字符并送入 str 数组，在数组最后一个单元内将加上'\0'，然后在屏幕上显示输出 str 数组。输出的 10 个字符正是例 9.1 程序代码（e9_1.c 代表例 9.1 程序代码）的前 10 个字符。

编程练习

练习 9.3　从例 9.2 的 string 文件中读入一个含有 10 个字符的字符串。

知识延伸

对 fgets 函数有以下两点需要说明。

（1）在读出 n-1 个字符之前，如遇到了换行符或 EOF，则读出结束。

（2）fgets 函数也有返回值，其返回值是字符数组的首地址。

⬚ **知识讲解**

2）写字符串函数 fputs

fputs 函数的功能是向指定的文件写入一个字符串，其调用的一般形式如下：

```
fputs(字符串，文件指针)
```

其中，字符串可以是字符串常量，也可以是字符数组名，或者是指针变量。
例如：

```
fputs("abcd", fp);
```

其意义是把字符串"abcd"写入 fp 所指的文件之中。

▢ **案例分析**

例 9.4　在例 9.2 建立的文件 string 中追加一个字符串。
程序代码：

扫一扫看
本例题源
程序代码

```c
#include<stdio.h>
main()
{
  FILE *fp;
  char ch,st[20];
if((fp=fopen("string","at+"))==NULL)
{
  printf("Cannot open file strike any key exit!");
  getchar();
  exit(1);
}
printf("input a string:\n");
scanf("%s",st);
fputs(st,fp);
rewind(fp);
ch=fgetc(fp);
while(ch!=EOF)
{
  putchar(ch);
  ch=fgetc(fp);
}
printf("\n");
fclose(fp);
}
```

运行结果：

```
input a string:
fputs 函数的功能是向指定的文件写入一个字符串↙
```

fputc 函数的功能是把一个字符写入指定的文件中 fputs 函数的功能是向指定的文件写入一个字符串

程序注解：

此例要求在 string 文件末加写字符串，因此，在程序的第 6 行中以追加读写文本文件的方式打开文件 string，再输入字符串，并用 fputs 函数把该串写入文件 string。在程序的第 15 行用 rewind 函数把文件内部位置指针移到文件头，再进入循环并逐个显示当前文件中的全部内容。

编程练习

练习 9.4 分析以下程序的运行结果。

```c
#include<stdio.h>
void WriteStr(char *fn, char *str)
  {
    FILE *fp;
    fp = fopen(fn, "w");
    fputs(str, fp);
    fclose(fp);
  }
void ReadStr(char *fn)
{
    FILE *fp;
    char st[80];
    fp = fopen(fn,"r");
    fgets(st,80,fp);
    puts(st);
}
  main()
  {
    WriteStr("t1.dat", "start");
    WriteStr("t1.dat", "end");
    ReadStr("t1.dat");
  }
```

扫一扫看
本例题源
程序代码

3. 数据块读写函数

知识讲解

C 语言还提供了用于整块数据读写的函数，可用来读写一组数据，如一个数组元素、一个结构变量的值等。

读数据块函数调用的一般形式如下：

```c
fread(buffer,size,count,fp);
```

写数据块函数调用的一般形式如下：

```
fwrite(buffer,size,count,fp);
```

其中，buffer 是一个指针，在 fread 函数中，它表示存放输入数据的首地址，在 fwrite 函数中，它表示存放输出数据的首地址；size 表示数据块的字节数；count 表示要读写的数据块数；fp 表示文件指针。

例如：

```
fread(fa,4,5,fp);
```

其意义是从 fp 所指的文件中每次读 4 字节（一个实数）并送入实数组 fa，连续读 5 次，即读 5 个实数到 fa 中。

案例分析

例 9.5 从键盘上输入两个学生数据，先将其写入一个文件中，再读出这两个学生的数据并显示在屏幕上。

程序代码：

```
#include<stdio.h>
struct stu
{
  char name[10];
  int num;
  int age;
  char addr[15];
}boya[2],boyb[2],*pp,*qq;
main()
{
  FILE *fp;
  char ch;
  int i;
  pp=boya;
  qq=boyb;
if((fp=fopen("stu_list","wb+"))==NULL)
{
  printf("Cannot open file strike any key exit!");
  getchar();
  exit(1);
}
printf("input data:\n");
for(i=0;i<2;i++,pp++)
  scanf("%s%d%d%s",pp->name,&pp->num,&pp->age,pp->addr);
  pp=boya;
  fwrite(pp,sizeof(struct stu),2,fp);
  rewind(fp);
  fread(qq,sizeof(struct stu),2,fp);
```

```
    printf("\nname\tnumber age addr\n");
    for(i=0;i<2;i++,qq++)
    printf("%s\t%5d%7d%s\n",qq->name,qq->num,qq->age,qq->addr);
    fclose(fp);
}
```

运行结果：

```
input data:
zhangsan 201601 18 hangzhou
lisi 201602 20 shanghai


name    number age addr
zhangsan       201601      18hangzhou
lisi   201602      20shanghai
```

程序注解：

此例定义了一个结构 stu，说明了两个结构数组 boya、boyb，以及两个结构指针变量 pp、qq。pp 指向 boya，qq 指向 boyb。此程序的第 16 行以读写方式打开二进制文件 "stu_list"，输入两个学生的数据之后，将其写入该文件中，把文件内部位置指针移到文件关，读出两块学生数据后，在屏幕上进行显示。

🗒 编程练习

练习 9.5 分析下列程序的运行结果。

```
#include<stdio.h>
main()
{
  FILE *fp;
  int a[10] = {1,2,3,0,0},i;
  fp = fopen("d2.dat", "wb");
  fwrite(a, sizeof(int), 5, fp);
  fwrite(a, sizeof(int), 5, fp);
  fclose(fp);
  fp = fopen("d2.dat", "rb");
  fread(a, sizeof(int), 10, fp);
  fclose(fp);
  for(i=0;i<10;i++)
   printf("%d",a[i]);
}
```

4. 格式化读写函数

🗒 知识讲解

fscanf 函数、fprintf 函数与前面使用的 scanf、printf 函数的功能相似，都是格式化读写函数。　两者的区别在于 fscanf 函数和 fprintf 函数的读写对象不是键盘和显示器，而是磁盘文件。这两个函数的调用形式如下：

```
fscanf(文件指针，格式字符串，输入表列);
fprintf(文件指针，格式字符串，输出表列);
```

例如：

```
fscanf(fp,"%d%s",&i,s);
fprintf(fp,"%d%c",j,ch);
```

📖 案例分析

例 9.6　用 fscanf 和 fprintf 函数也可以解决例 9.5 的问题。修改后的程序如下。
程序代码：

扫一扫看
本例题源
程序代码

```c
#include<stdio.h>
struct stu
{
  char name[10];
  int num;
  int age;
  char addr[15];
}boya[2],boyb[2],*pp,*qq;
main()
{
  FILE *fp;
  char ch;
  int i;
  pp=boya;
  qq=boyb;
if((fp=fopen("stu_list","wb+"))==NULL)
{
  printf("Cannot open file strike any key exit!");
  getchar();
  exit(1);
}
printf("input data:\n");
for(i=0;i<2;i++,pp++)
  scanf("%s%d%d%s",pp->name,&pp->num,&pp->age,pp->addr);
pp=boya;
for(i=0;i<2;i++,pp++)
  fprintf(fp,"%s %d %d %s\n",pp->name,pp->num,pp->age,pp->addr);
rewind(fp);
for(i=0;i<2;i++,qq++)
  fscanf(fp,"%s %d %d %s\n",qq->name,&qq->num,&qq->age,qq->addr);
printf("\nname\tnumber age addr\n");
```

```
qq=boyb;
for(i=0;i<2;i++,qq++)
  printf("%s\t%5d%7d%s\n",qq->name,qq->num, qq->age,qq->addr);
fclose(fp);
}
```

运行结果：

```
input data:
zhangsan 201601 18 hangzhou
lisi 201602 20 shanghai


name    number age addr
zhangsan          201601      18hangzhou
lisi    201602      20shanghai
```

程序注解：

与例 9.5 相比，此程序中 fscanf 和 fprintf 函数每次只能读写一个结构数组元素，因此采用了循环语句来读写全部数组元素。注意：指针变量 pp、qq 由于在循环体中改变了值，因此在程序中的第 25 和 32 行中分别对它们重新赋予了数组的首地址。

编程练习

练习 9.6 分析下列程序的运行结果。

```
#include<stdio.h>
main()
{
  FILE *fp;
  int k, n, a[6] = {1,2,3,4,5,6};
  fp = fopen("d2.dat", "w");
  fprintf(fp, "%d%d%d\n", a[0],a[1],a[2]);
  fprintf(fp, "%d%d%d\n", a[3],a[4],a[5]);
  fclose(fp);
  fp = fopen("d2.dat", "r");
  fscanf(fp, "%d%d", &k, &n);
  printf("%d,%d\n", k, n);
  fclose(fp);
}
```

9.4 文件的定位与随机读写

扫一扫看文件的
定位与随机读写
课教案设计

知识讲解

1. 文件的随机读写

前面介绍的对文件的读写方式都是顺序读写，即读写文件只能从头开始，顺序读写各个数据。但在实际问题中，常常要求只读写文件中某一指定的部分，为了解决这个问题，可移动文件内部的位置指针到需要读写的位置，再进行读写，这种读写称为随机读写。实现随机读写的关键是要按要求移动位置指针，这称为文件的定位。文件定位移动文件内部位置指针的函数主要有两个——rewind 函数和 fseek 函数。

rewind 函数前面已多次使用过，其调用的一般形式如下：

```
rewind(文件指针);
```

其功能是把文件内部的位置指针移到文件头。

下面主要介绍 fseek 函数。

fseek 函数用来移动文件内部位置指针，其调用的一般形式如下：

```
fseek(文件指针，位移量，起始点);
```

其中，"文件指针"指向被移动的文件；"位移量"表示移动的字节数，要求位移量是 long 型数据，以便在文件长度大于 64KB 时不出错。当用常量表示位移量时，要求加后缀 "L"；"起始点"表示从何处开始计算位移量，规定的起始点有三种，即文件头、当前位置和文件尾。

fseek 函数"起始点"的表示方法如表 9-2 所示。

表 9-2　fseek 函数"起始点"的表示方法

起 始 点	表 示 符 号	数 字 表 示
文件头	SEEK-SET	0
当前位置	SEEK-CUR	1
文件末尾	SEEK-END	2

例如：

```
fseek(fp,100L,0);
```

其意义是把位置指针移到离文件头 100 个字节处。还需要说明的是，fseek 函数一般用于二进制码文件。由于要在文本文件中进行转换，因此计算的位置会出现错误。当文件的随机读写在移动位置指针之后时，　即可用前面介绍的任一种读写函数进行读写。由于一般是读写一个数据块，因此常使用 fread 和 fwrite 函数。下面用案例来说明文件的随机读写。

□ 案例分析

例 9.7　在学生文件 stu_list 中读出第二个学生的数据。

程序代码：

```
#include<stdio.h>
struct stu
{
  char name[10];
  int num;
```

扫一扫看本例题源程序代码

```
        int age;
        char addr[15];
    }boy,*qq;
    main()
    {
        FILE *fp;
        char ch;
        int i=1;
        qq=&boy;
    if((fp=fopen("stu_list","rb"))==NULL)
    {
        printf("Cannot open file strike any key exit!");
        getchar();
        exit(1);
    }
    rewind(fp);
    fseek(fp,i*sizeof(struct stu),0);
    fread(qq,sizeof(struct stu),1,fp);
    printf("\nname\tnumber age addr\n");
    printf("%s\t%5d %7d %s\n",qq->name,qq->num,qq->age,qq->addr);
    }
```

运行结果：

```
name      number  age addr
lisi      201602      20 shanghai
```

程序注解：

文件 stu_list 已由例 9.5 的程序建立，此程序用随机读写的方法读出第二个学生的数据。程序中定义 boy 为 stu 类型变量，qq 为指向 boy 的指针。以读二进制文件方式打开文件，程序的第 22 行用于移动文件位置指针。其中的 i 值为 1，表示从文件头开始移动一个 stu 类型的长度，再读出的数据即为第二个学生的数据。

📋 编程练习

练习 9.7 分析下列程序的运行结果。

```
#include<stdio.h>
main()
{
    FILE *fp;
    char *s1 = "Fortran", *s2 = "Basic";
    if ((fp = fopen("t.txt","wb")) == NULL)
    {
        printf("Can't open t.txt file.");
        exit(1);
    }
```

```
    fwrite(s1, 7, 1, fp);
    fseek(fp, 0L, SEEK_SET);
    fwrite(s2, 5, 1, fp);
    fclose(fp);
}
```

2. 文件检测函数

C 语言中常用的文件检测函数有以下几个。

1）文件结束检测函数 feof

函数调用的一般形式如下：

```
feof(文件指针);
```

功能：判断文件是否处于文件结束位置，如文件结束，则返回值为 1，否则为 0。

2）读写文件出错检测函数 ferror

函数调用的一般形式如下：

```
ferror(文件指针);
```

功能：检查文件在用各种输入输出函数进行读写时是否出错。如 ferror 返回值为 0，则表示未出错，否则表示有错。

3）文件出错标志和文件结束标志置 0 函数 clearerr

函数调用的一般形式如下：

```
clearerr(文件指针);
```

功能：清除出错标志和文件结束标志，使它们的值为 0。

本章小结

本章介绍了文件的概念，在此基础上，介绍了文件的各种操作，包括打开与关闭、读及写的各种函数及不同功能、定位与随机读写操作。

习题 9

 扫一扫看本习题参考答案

一、填空题

1．C 系统把文件当做一个"流"，按_____进行处理。

2．C 文件按编码方式分为_____文件和_____文件。

3．C 语言中，用文件指针标识文件，当一个文件被打开时，可取得该文件的_____。

4．文件在读写之前必须先_____，读写结束时必须关闭。

5．文件可按只读、_____、_____、追加四种操作方式打开，同时，必须指定文件是二进制文件还是文本文件。

6．文件可按字节、_____、_____为单位进行读写，文件也可按指定的格式进行读写。

7．文件内部的位置指针可指示当前的读写位置，移动该指针可以对文件实现_____读写。

8．头文件 stdio.h 中定义了一个符号常量来标识文件末尾，该符号常量是_____。

二、选择题

1．以下叙述正确的是（　　）。

A．C 语言中的文件是流式文件，因此只能顺序存取数据

B．打开一个已存在的文件并进行了写操作后，原有文件中的全部数据必定会被覆盖

C．在程序中，当对文件进行了写操作后，必须先关闭该文件再打开，才能读到第 1 个数据

D．当对文件的读(写)操作完成之后，必须将它关闭，否则可能导致数据丢失

2．以下叙述正确的是（　　）。

A．文件由 ASCII 码字符序列组成，C 语言只能读写文本文件

B．文件由二进制数据序列组成，C 语言只能读写二进制文件

C．文件由记录序列组成，可按数据的存放形式分为二进制文件和文本文件

D．文件由数据流形式组成，可按数据的存放形式分为二进制文件和文本文件

3．设 fp 为指向某二进制文件的指针，且已读到此文件末尾，则函数 feof(fp)的返回值为（　　）。

A．EOF　　　　　　B．非 0 值　　　　　　C．0　　　　　D．NULL

4．有下列读取二进制文件的函数调用语句，其中 buffer 代表的是（　　）。

fread(buffer,size,count,fp);

A．一个文件指针，指向待读取的文件

B．一个整型变量，代表待读取的数据的字节数

C．一个内存块的首地址，代表读入数据存放的地址

D．一个内存块的字节数

5．文本文件 abc.txt 原有内容是 ABCDEF，执行下述程序之后文件内容变成 xyzDEF，程序的下画线位置不能填入的是（　　）。

```
FILE *fp;
fp = fopen("abc.txt",_____);
fputs("xyz",fp);
fclose(fp);
```

A．"r+"　　　　B．"rt+"　　　　C．"r+t"　　　D．"W+"

三、编程题

1．编写程序：打开一个文本文件 abc.txt，计算并输出其中包含的字符数。

2．编写程序：打开一个已有的文本文件 abc.txt，并将其内容复制到一个新文件 new.txt 中。赋值时，将所有的小写字母改为大写字母，其他字符不变。

3．编写程序：打开一个文件 abc.dat，每次读取其中的 128 个字节块，并将其以十六进制和字符格式显示到屏幕上。

4．编写程序：将两个文本文件的内容合并后存入另一文件。

5．编写程序：对文本文件进行加密处理。最简单的加密方法就是替代加密法，即将文件中的所有字母都以字母顺序表内相距某一距离的另一个字母来代替。例如，如果每个字母都以偏移 3 个位置的另一个字母来代替，则最后三个字母 x、y、z 分别以 a、b、c 代替。

第10章

综合应用程序开发

知识目标

- 熟练掌握 C 语言的语法规则和程序结构
- 理解和掌握结构化程序设计方法
- 掌握程序调试方法

能力目标

- 理解结构化程序设计方法，确立程序设计思维方式
- 培养应用程序开发的能力
- 能够运用程序设计解决实际问题

10.1　收益预估系统程序设计

扫一扫看该
系统程序课
教案设计

　　某银行近期推出了一些理财产品，为方便客户估算收益，想设计一款预估收益的系统，能通过输入理财产品、期数，输出预估收益。具体理财产品信息如表 10-1 所示。

表 10-1　理财产品明细

产品序号	产品名称	预期年化收益率	起购金额	最短期限
1	鼎鼎成金 028	4.00%	5W	28 天
2	鼎鼎成金 056	4.55%	5W	56 天
3	鼎鼎成金 090	4.65%	10W	90 天
4	鼎鼎成金 128	4.75%	10W	128 天
5	鼎鼎成金 188	4.85%	10W	188 天

　　要求用户可以进行多次连续查询，直到客户主动终止查询为止。

1. 系统分析

　　（1）不同的理财产品，因利息不同而可以得到不同的收益，但是其最终的计算公式是一样的，即收益=购买金额*年化利率*购买期数*最短期限/365。因此，可以考虑用 switch 语句根据用户选择的理财产品而得到不同的年化利率、起购金额、最短期限，从而来判断用户购买金额是否符合要求；用得到的年化利率和最短期限即可计算收益。

　　（2）系统要求能够多次连续查询，因此可采用 do-while 语句，设置循环判断条件为真，而在循环体内部，应设置三个分支：理财产品编号输入正确（1～5）时，进入选择分支进行收益计算；理财产品编号输入为 0 时，系统终止；输入其他，提示正确编号范围。

　　（3）为增强用户界面的友好性，将上面理财产品的明细输出。

　　（4）系统总体流程如图 10-1 所示。

2. 程序代码

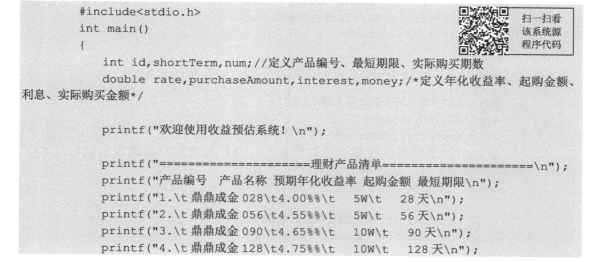

扫一扫看
该系统源
程序代码

```
#include<stdio.h>
int main()
{
    int id,shortTerm,num;//定义产品编号、最短期限、实际购买期数
    double rate,purchaseAmount,interest,money;/*定义年化收益率、起购金额、
利息、实际购买金额*/

    printf("欢迎使用收益预估系统！\n");

    printf("====================理财产品清单====================\n");
    printf("产品编号  产品名称 预期年化收益率 起购金额 最短期限\n");
    printf("1.\t 鼎鼎成金 028\t4.00%%\t   5W\t   28 天\n");
    printf("2.\t 鼎鼎成金 056\t4.55%%\t   5W\t   56 天\n");
    printf("3.\t 鼎鼎成金 090\t4.65%%\t   10W\t   90 天\n");
    printf("4.\t 鼎鼎成金 128\t4.75%%\t   10W\t   128 天\n");
```

```
        printf("5.\t 鼎鼎成金188\t4.85%%\t    10W\t     188 天\n");

    do{
        printf("\n 请输入您想购买的理财产品的编号，结束查询请按 0：\n");
         scanf("%d",&id);
        if(id>=1&&id<=5)
    {
           switch(id)
           {
               case 1:
                       rate = 0.040;
                       purchaseAmount = 5;
                       shortTerm = 28;
                       break;
               case 2:
                       rate = 0.0455;
                       purchaseAmount = 5;
                       shortTerm = 56;
                       break;
               case 3:
                       rate = 0.0465;
                       purchaseAmount = 10;
                       shortTerm = 90;
                       break;
               case 4:
                       rate = 0.0475;
                       purchaseAmount = 10;
                       shortTerm = 128;
                       break;
               case 5:
                       rate = 0.0485;
                       purchaseAmount = 10;
                       shortTerm = 188;
                       break;
           }


    printf("请输入购买的金额（万元）:");
    scanf("%lf",&money);
    if(money<purchaseAmount)
    printf("您输入的金额小于起购金额，该产品的起购金额为%.0lf 万元：
\n",purchaseAmount);
        else
        {
                printf("请输入预计购买的期数:");
                scanf("%d",&num);
```

```
        printf("\n");
        interest = money*rate*num*shortTerm/365;
        printf("预计您到期收益为%.4lf 万元，本息合计共%.4lf 万元
\n",interest,interest+money);
        printf("投资有风险，理财需谨慎！\n");
        }
    }
    else if(id==0)
    {
        printf("感谢您的使用，欢迎下次光临！\n");
        break;
    }else
        printf("请选择正确的理财产品编号，用数字1-5 表示！\n");
    }while(1);
    return 0;
}
```

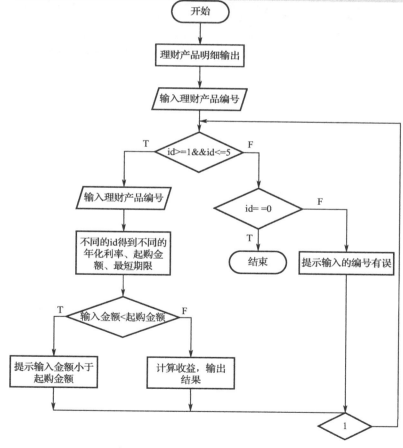

图 10-1 收益预估系统总体设计

3．运行结果

程序运行结果如图 10-2 所示。

```
欢迎使用收益预估系统!
=====================理财产品清单====================
产品编号   产品名称  预期年化收益率  起购金额  最短期限
1.        鼎鼎成金028      4.00%      5W       28天
2.        鼎鼎成金056      4.55%      5W       56天
3.        鼎鼎成金090      4.65%      10W      90天
4.        鼎鼎成金128      4.75%      10W      128天
5.        鼎鼎成金188      4.85%      10W      188天

请输入您想购买的理财产品的编号,结束查询请按0:
1
请输入购买的金额(万元):3
您输入的金额小于起购金额,该产品的起购金额为5万元:

请输入您想购买的理财产品的编号,结束查询请按0:
5
请输入购买的金额(万元):10
请输入预计购买的期数:1

预计您到期收益为0.2498万元,本息合计共10.2498万元
投资有风险,理财需谨慎!

请输入您想购买的理财产品的编号,结束查询请按0:
0
感谢您的使用,欢迎下次光临!
```

图 10-2　收益预估系统运行结果图

10.2　速算练习系统程序设计

某小学数学老师需要一套速算练习系统供小朋友练习,要求能自定义运算操作数的范围和类型,可以自定义题目数量,并且能判断对错,给出本次训练的得分。一般而言,低龄段小朋友只能选择加减运算,高龄段小朋友可以选择加减乘除运算。因此,考虑类型的时候可以分成两类。

1. 系统分析

(1)根据需求,首先接收用户输入的运算类型、操作数范围和题目数量,根据用户的输入形成算式,并同时得到正确的结果。接收用户输入的算式结果,与之前得到的正确结果进行比较,如果相等则正确,反之则错误,并统计正确结果的数量,从而得到用户最终的分数。总体流程如图 10-3 所示。

生成算式并且返回结果的流程如图 10-4 所示。

(2)设计中,可以用一个整型变量表示运算的类型,1 表示只含加减,2 表示加减乘除都包括。进一步,可以用整型变量 0～3 来表示加减乘除运算,用随机函数 rand()*4 随机产生运算符。

(3)随机数的获取:在 C 语言中,rand()函数可以用来产生随机数,但是这不是真正意义上的随机数,是一个伪随机数,即需要根据一个数(通常称它为种子)为基准以某个递推公式推算出来的一系列个数,当此系列数很大的时候,就符合正态公布,从而相当于产生了随机数。种子需要变化,由该种子产生的随机数才能变化。为了改变这个种子的值,C

程序提供了 srand()函数，它的原型是 void srand(int a)。srand(time(0))是其中的一种方法，设置当前的时间值为种子，因为每次运行程序的时间不同，因此产生的随机数总是变化的。使用时，需要包含头文件<time.h>。

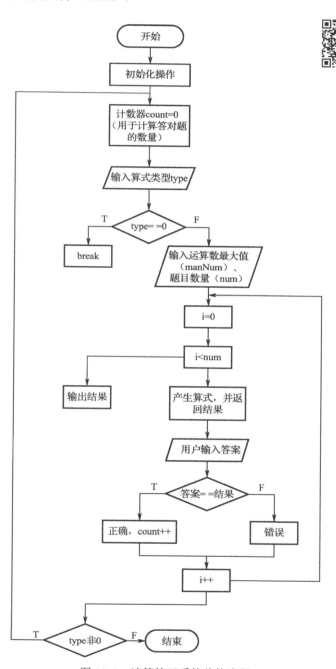

图 10-3　速算练习系统总体流程

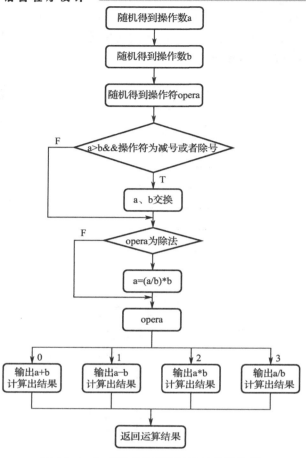

图 10-4　生成算式并返回运算结果的流程

（4）在减法、除法运算中，为确保被减数大于减数、被除数大于除数，在得到随机数后要做比较，如果被减数小于减数、被除数小于除数，那么两个数进行交换。另外，在除法操作中，限于小学数学知识，被除数应能被除数整除，因此，也需要做处理，可以采用如(a/b)*b这种方式。

2. 程序代码

```c
#include <stdio.h>
#include <stdlib.h>
#include <time.h>

//根据用户的输入产生算式，返回算式的结果
int madeArithmetic(int maxNum,int type,int i){
    int a,b,opera,temp;/*a、b为运算操作数，opera为运算类型（0表示加，1表示
减，2表示乘，3表示除）*/
    a=rand()%maxNum+1;
    b=rand()%maxNum+1;
    opera=rand()%(type*2);
```

```
    if(a<b&&(opera==1||opera==3))//保证被减数大于减数，或者被除数大于除数
    {
        temp=a;
        a=b;
        b=temp;
    }
    if(opera==3){//确保被除数能被除数整除
    a=(a/b)*b;
    }

    printf("第 %d 题: ", i+1);
        switch(opera)
        {
        case 0:
            temp=a+b;
            printf("%d＋%d＝", a, b);
            break;
        case 1:
            temp=a-b;
            printf("%d—%d＝", a, b);
            break;
        case 2:
            temp=a*b;
            printf("%d×%d＝", a, b);
            break;
        case 3:
            temp=a/b;
            printf("%d÷%d＝", a, b);
            break;
        }
        return temp;
}
int main()
{
    int count;//答对题目数
    int input;//用户输入的结果
    int i;
    int type;//用户选择的运算类型：1 表示加减；2 表示加减乘除；0 表示退出
    int maxNum;//输入运算数的最大值
    int num;//题目数量
    int result; //正确结果
    srand(time(0));
    printf("                  欢迎使用速算练习系统！\n");
    do{
    count = 0;//答对题数清零
printf("\n    请输入练习类别:\n");
```

```c
        printf("    1.只含加减\n");
    printf("    2.包含加减乘除\n");
    printf("    3.输入 0, 退出本练习系统。\n");
        scanf("%d",&type);
        if(type==0){
        printf("感谢您使用本系统！\n");
        break;
        }else{
        printf("请输入运算数的最大值：\n");
        scanf("%d",&maxNum);
        printf("请输入题目数量\n");
        scanf("%d",&num);

        for(i=0; i<num; i++)
        {
            //根据用户的输入产生算式
    result = madeArithmetic(maxNum,type,i);

            scanf("%d", &input);//用户输入答案
            if(input==result)
            {
                printf("        对！\n");
                count++;
            }
            else{
            printf("        错！\n");
            }
            }
            printf("您共答对了%d 道题，得分%d\n", count, count*100/num);
        }

        }while(type);

        return 0;
}
```

3. 运行结果

程序运行结果如图 10-5 所示。

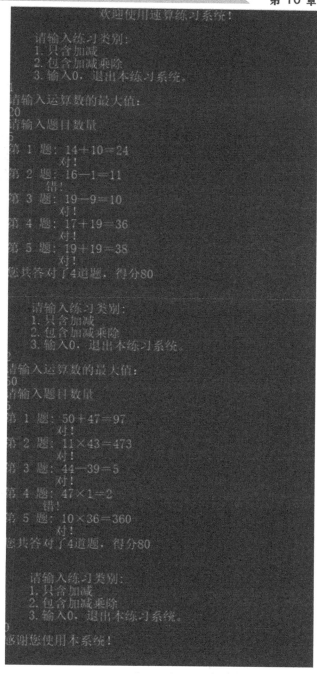

图 10-5　速算练习系统运行结果

10.3　单词查询系统程序设计

请设计一个单词查询系统，用户输入一个英文单词，系统输出该单词的词性和中文解释。用户可以循环输入单词，直到输入"***"结束查询。

1. 解题分析

（1）一个单词词条需要包含三部分：英文单词、词性和中文解释。因此，使用结构体数组来存放单词数据，结构体成员包括英文单词、词性、中文解释三部分。

（2）单词数据存放在 data.txt 文件中，英文单词、词性、中文解释用"\t"间隔，单词按字典顺序存放，词条数目不超过 8000。

（3）系统总体设计如图 10-6 所示。

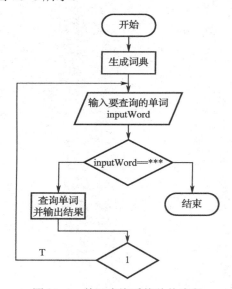

图 10-6　单词查询系统总体流程

（4）生成词典：采用外部文件读入的方式，将词条信息读入词条数组中。

（5）查询单词：因为单词按字典顺序存放，因此可以先采用二分查找法找到对应的单词的索引，再进行对应的输出处理。其具体流程如图 10-7 所示。

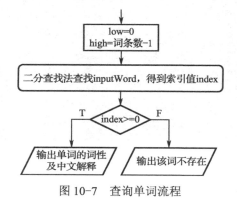

图 10-7　查询单词流程

其中，使用二分查找法查找单词的流程如图 10-8 所示。

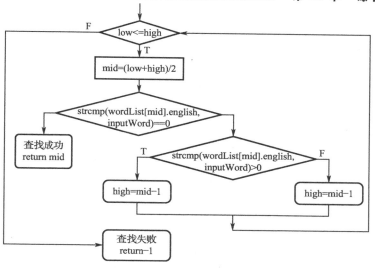

图 10-8 二分法查找单词流程

2. 程序代码

```c
#include <stdio.h>
#include<string.h>
#include<stdlib.h>

#define MAX_LENGTH 8000      //词典数据最大词条数
#define EN_WORD_LENGTH 20    //英文单词最大长度
#define CH_WORD_LENGTH 30    //中文解释最大长度
#define TP_WORD_LENGTH 10    //词性说明最大长度

//定义词条类
typedef struct
{
    char english[EN_WORD_LENGTH];       //英文单词
    char chinese[CH_WORD_LENGTH];       //中文解释
    char wordType[TP_WORD_LENGTH];      //词性
} Word;

Word wordList[MAX_LENGTH];   //词条数组
int listLength=0;       //词典中的实际词条数目，初值为 0

/*从文件中将单词读到词条数组 wordList[]中，从而创建好词典数据*/
void creatDictionary()
{
    FILE *fp;
    //将文件中的数据读入
    fp = fopen("data.txt","r");    //以"只读"方式打开文件
    if(fp==NULL)             //打开失败
```

```
                {
                    printf("数据打开失败!\n");
                    exit(1);
                }
                //打开成功
                while (!feof(fp))
                {
                    //将每个单词及其中文解释、词性分别赋给 wordList[i]的每个成员
                    fscanf(fp,          "%s%s%s",          wordList[listLength].english,
wordList[listLength].chinese,wordList[listLength].wordType);
                    ++listLength;//实际词条数增加
                }
                fclose(fp);
        }
        //使用二分查找法查找单词,若找到则返回下标,若查找失败,则返回-1
        int BinSearch(int low, int high, char *inputWord)
        {
            int mid;
            while(low<=high)
            {
                mid=(low + high) / 2;
                if(strcmp(wordList[mid].english, inputWord)==0)
                {
                    return mid; //查找成功时返回下标
                }
                if(strcmp(wordList[mid].english, inputWord)>0)
                    high=mid-1; //继续在 w[low..mid-1]中查找
                else
                    low=mid+1; //继续在 w[mid+1..high]中查找
            }
            return -1; //当 low>high 时表示查找区间为空,查找失败
        }

        //查找单词
        void searchWord(char *inputWord)
        {
            int low=0,high=listLength-1;  //置当前查找区间上、下界的初值
            int index=BinSearch(low, high, inputWord);//二分查找,得到 index
            if(index>=0)//找到词典数据中的索引值,并输出对应的词性、中文解释
                printf("%s  :\t  %s %s", inputWord, wordList[index].wordType,
wordList[index].chinese);
            else
                printf("您查找的单词不存在,请重新输入! ");
            printf("\n\n");
        }
```

```
int main( )
{
    creatDictionary();
    char inputWord[EN_WORD_LENGTH];
    do
    {
        printf("请输入您要查询的英文单词, 结束查询请按***: \n");
        scanf("%s", inputWord);
        if (strcmp(inputWord,"***"))
        {
            searchWord(inputWord);
        }
        else
        {
            break;
        }
    }while(1);
    printf("感谢您使用本系统! \n");
    return 0;
}
```

3. 运行结果

程序运行结果如图 10-9 所示。

图 10-9　单词查询系统运行结果

10.4　班级成绩查询系统程序设计

请设计一个班级成绩查询系统。此系统通过导入外部的成绩数据完成数据录入, 学生数据包括学号、姓名、C 语言成绩、数学成绩、英语成绩。此系统能实现对数据的处理, 完成对成绩数据的查询操作, 具体查询操作如下。

（1）按学号输出全班学生的成绩数据。

（2）按总分从高到低排序并输出成绩数据。

（3）能根据输入的学号进行成绩查询。

扫一扫看班级
成绩查询系统
程序设计教案

（4）能输出挂科学生的数据。

（5）能输出单科前十名的学生的数据。

要求用户可以进行多次连续查询，直到客户输入 0 终止查询。

1．分析

（1）定义一个结构体数组，用于存放班级学生数据，每个数组元素是一个结构体类型的数据，成员包括学号、姓名、C 语言成绩、数学成绩、英语成绩。

（2）成绩数据放在 score.txt 文件中，各个字段用"\t"间隔，数据共计 46 条。

（3）因为要能循环操作，所以采用 while 循环，操作类型比较多，因此 while 循环内部使用 switch 语句，并且借助 flag=0 来终止 while 循环操作，从而终止整个程序。

（4）操作（2）、（5）需要用到排序，因此将排序部分独立出来，用一个函数来处理。输出函数亦是如此，以提高代码复用率。本例中，自定义函数在 main 函数之后，所以在 main 函数之前，对所有自定义函数进行了说明。

（5）系统总体流程如图 10-10 所示。

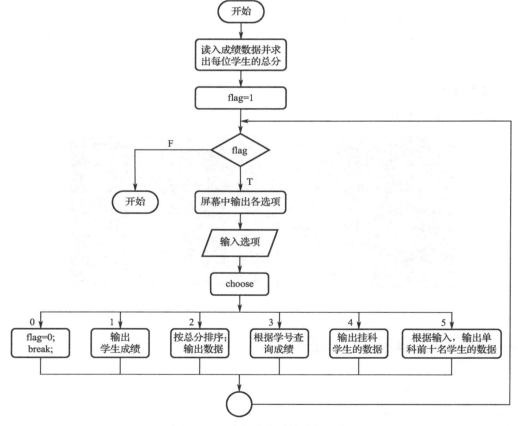

图 10-10　班级查询系统总体设计

2．程序代码

```
#include <stdio.h>
#include <stdlib.h>
```

```c
#include<string.h>

struct Student
{
    char num[13];//学号
    char name[10];//姓名
    int c;//C语言成绩
    int math;//数学成绩
    int english;//英语成绩
    int totalScore;//总成绩
};
//说明函数
int getData(struct Student student[]);//获取学生数据
void printData(struct Student student[],int n);//输出全部数据
void sort(struct Student student[],int n,int type);/*根据类别对成绩进行排
序，1表示按C语言成绩排序，2表示按数学成绩排序，3表示按英语成绩排序，4表示按总分排序*/
void queryScore(struct Student student[],int n);//查询成绩
void listFail(struct Student student[],int n);//挂科学生成绩输出
void sigleCourseE(struct Student student[],int n);
                                //单科前十名学生数据输出

const int MAXNUM=100;//学生记录条数最大值
int type; //排序类型，1表示C语言成绩，2表示数学成绩，3表示英语成绩，4表示总分

int main()
{
    int totalNum;//实际学生记录条数
    struct Student student[MAXNUM];//描述学生数据
    totalNum=getData(student);
    //读取学生数据，并返回记录条数，读入数据时求出学生总分
    int flag=1;
    int choose;//选项
    int queryNum = 1;
    printf("欢迎使用成绩查询系统！\n");
    while(flag)
    {
        printf("请选择下面的功能：\n");
        printf("1. 按学号输出全班同学成绩数据\n");
        printf("2. 按总分从高到低排序并输出成绩数据\n");
        printf("3. 输入学号查询成绩\n");
        printf("4. 输出挂科同学的数据\n");
        printf("5. 输出单科前十名的同学数据\n");
        printf("0. 结束\n");
        printf("输入0-5，选择相应的操作：");
        scanf("%d", &choose);
        switch(choose)
```

扫一扫看
该系统源
程序代码

```
            {
        case 1:
            printData(student,totalNum);//输出学生成绩
            break;
        case 2:
            type = 4; //按总分排序
            sort(student,totalNum,type); //按类型排序
            printData(student,totalNum);//输出数据
            break;
        case 3:
            queryScore(student,totalNum);//根据学号查成绩
            break;
        case 4:
            listFail(student,totalNum); //挂科同学
            break;
        case 5:
            sigleCourseE(student,totalNum);//单科前十名同学数据
            break;
        case 0:
            flag=0;
            break;
        }
        printf("\n");
    }
    printf("谢谢使用！\n");
    return 0;
}


void sigleCourseE(struct Student stu[],int n){
int i,num=10;
printf("查询单科前十名同学的成绩\n");
    printf("请输入想查询的科目，1：C 语言，2：数学，3：英语 \n");
    scanf("%d", &type);
    sort(stu,n,type);

switch(type){
case 1:
    printf("C 语言成绩前十名的同学数据如下：\n");
    printf("学号\t\t 姓名\tC 语言\n");
for(i=0; i<num; ++i)
    {
    printf("%s\t%s\t%d\t\n", stu[i].num,stu[i].name,stu[i].c);
    }
    printf("\n");
    break;
case 2:
```

```
    printf("数学成绩前十名的同学数据如下: \n");
    printf("学号\t\t 姓名\t 数学\n");
    for(i=0; i<num; ++i)
        {
            printf("%s\t%s\t%d\t\n", stu[i].num,stu[i].name,stu[i].math);
        }
        printf("\n");
        break;
    case 3:
    printf("英语成绩前十名的同学数据如下: \n");
    printf("学号\t\t 姓名\t 英语\n");
    for(i=0; i<num; ++i)
        {
            printf("%s\t%s\t%d\t\n",tu[i].num,stu[i].name,stu[i].english);
        }
        printf("\n");
        break;
    default:
        printf("您的输入有误! \n");
    }
    }


//输出挂科学生的数据
void listFail(struct Student stu[],int n){
int i= 0,count = 0;
while(i<n){
if(stu[i].c<60||stu[i].math<60||stu[i].english<60){
printf("%s\t%s\t%d\t%d\t%d\t%d\n",
stu[i].num,stu[i].name,stu[i].c,stu[i].math,stu[i].english,stu[i].tot
alScore);
    count++;
    }
i++;
    }
if(count==0){
printf("恭喜全班同学无一人挂科\n");
}else{
printf("以上%d 位同学有不及格情况，请在假期认真复习，准备补考。\n",count);
    }
    }

void queryScore(struct Student stu[],int n){
char queryNum[12];
int i;
printf("请输入要查询的学生的学号.\n");
  scanf("%s",queryNum);
```

```
    for(i=0;i<n;i++){
        if (strcmp(queryNum,stu[i].num)==0)
        {
         printf("%d\n",i);
    printf("%s\t%s\t%d\t%d\t%d\t%d\n",
    stu[i].num,stu[i].name,stu[i].c,stu[i].math,stu[i].english,stu[i].tot
alScore);
    break;
        }
    }
    if(i==n){
        printf("没有这个学号，请确认学号输入是否正确。\n");
        }
    return;
}

//使用选择排序对数据进行排序
void sort(struct Student stu[],int n,int type)
{
    int i,j,k;
    struct Student tempStu;//临时交换变量

    for(i=0; i<n; i++)
    {
        k=i;
        for(j=i+1; j<n; j++){
        switch(type){
        case 1:
            if(stu[j].c>stu[k].c) k=j;
            break;
        case 2:
            if(stu[j].math>stu[k].math) k=j;
            break;
        case 3:
            if(stu[j].english>stu[k].english) k=j;
            break;
        case 4:
            if(stu[j].totalScore>stu[k].totalScore) k=j;
            break;
             default:
         break;
        }
        }

        tempStu=stu[k];
        stu[k]=stu[i];
```

```
            stu[i]=tempStu;
        }
        return;
    }


    //输出成绩单：
    void printData(struct Student stu[],int n)
    {
        int i;
        for(i=0; i<n; ++i)
        {
            printf("%s\t%s\t%d\t%d\t%d\t%d\n",
    stu[i].num,stu[i].name,stu[i].c,stu[i].math,stu[i].english,stu[i].tot
alScore);
        }
        printf("\n");
        return;
    }


    //从文件中读取数据
    int getData(struct Student stu[])
    {
        int i=0;
        FILE *infile=fopen("score.txt","r");       //以输入的方式打开文件
        if(!infile) //测试是否成功打开
        {
            printf("打开文件出错!\n");
            exit(1);
        }
        fscanf(infile,  "%s  %s  %d  %d  %d",  stu[i].num,  stu[i].name,
&stu[i].c, &stu[i].math, &stu[i].english);
        while(!feof(infile))
        {
            stu[i].totalScore=stu[i].c+stu[i].math+stu[i].english;
            ++i;
            fscanf(infile, "%s  %s  %d  %d  %d",  stu[i].num,  stu[i].name,
&stu[i].c, &stu[i].math, &stu[i].english);
        }
        fclose(infile);
        return i;
    }
```

扫一扫看该系统 score 文件

3.　运行结果

运行结果如图 10-11～图 10-15 所示。

```
欢迎使用成绩查询系统!
请选择下面的功能:
1. 按学号输出全班同学成绩数据
2. 按总分从高到低排序并输出成绩数据
3. 输入学号查询成绩
4. 输出挂科同学的数据
5. 输出单科前十名的同学数据
0. 结束
输入0-5，选择相应的操作: 1
201852501201    姚宇飞  80    92    71    243
201852501202    朱学成  59    80    55    194
201852501203    李灏    62    62    95    219
201852501204    朱晨煜  100   65    91    256
201852501205    宋治民  73    90    94    257
201852501206    潘雪    96    80    58    234
201852501207    钱伟杰  91    63    91    245
201852501208    姜凯    88    84    79    251
201852501209    陆文涛  61    79    99    239
201852501210    宋雨婷  62    58    66    186
201852501211    吕涵之  96    96    83    275
201852501212    沈丹青  73    88    93    254
201852501213    钱都    69    64    62    195
201852501214    杜任杰  74    59    69    202
201852501215    叶信哲  63    58    96    217
201852501216    蒋轶聪  89    82    60    231
201852501217    张琥敏  94    89    77    260
201852501218    丁梦瑶  78    93    58    229
201852501219    陈黎铭  75    87    84    246
201852501220    何桂清  90    65    62    217
201852501221    余银超  76    78    81    235
```

图 10-11　按学号输出全班学生的成绩

```
请选择下面的功能:
1. 按学号输出全班同学成绩数据
2. 按总分从高到低排序并输出成绩数据
3. 输入学号查询成绩
4. 输出挂科同学的数据
5. 输出单科前十名的同学数据
0. 结束
输入0-5，选择相应的操作: 2
201852501224    徐炜昊  85    94    97    276
201852501211    吕涵之  96    96    83    275
201852501228    郑涛    84    95    94    273
201852501238    李雄俊  98    98    74    270
201852501226    盛绍斌  91    80    98    269
201852501234    冯盛鹏  92    78    95    265
201852501217    张琥敏  94    89    77    260
201852501245    许桃美  100   86    74    260
201852501236    黄小翠  78    86    95    259
201852501205    宋治民  73    90    94    257
201852501229    郑可琪  98    95    64    257
201852501204    朱晨煜  100   65    91    256
201852501235    张南    87    82    86    255
201852501212    沈丹青  73    88    93    254
201852501239    苏彬彬  73    83    96    252
201852501244    张益桐  97    100   55    252
201852501208    姜凯    88    84    79    251
201852501222    劳锦镖  90    87    73    250
201852501225    宋心洁  99    69    82    250
201852501230    丁淑茵  67    100   83    250
201852501219    陈黎铭  75    87    84    246
201852501231    陈汇    98    81    67    246
201852501233    李婧怡  84    72    90    246
201852501207    钱伟杰  91    63    91    245
201852501201    姚宇飞  80    92    71    243
```

图 10-12　按总分高低排序并输出成绩

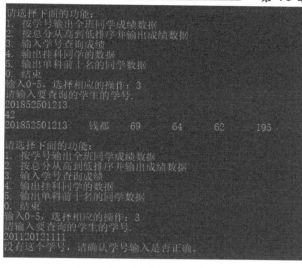

```
请选择下面的功能：
1. 按学号输出全班同学成绩数据
2. 按总分从高到低排序并输出成绩数据
3. 输入学号查询成绩
4. 输出挂科同学的数据
5. 输出单科前十名的同学数据
0. 结束
输入0-5，选择相应的操作：3
请输入要查询的学生的学号.
201852501213
42
201852501213    钱都     69      64      62      195

请选择下面的功能：
1. 按学号输出全班同学成绩数据
2. 按总分从高到低排序并输出成绩数据
3. 输入学号查询成绩
4. 输出挂科同学的数据
5. 输出单科前十名的同学数据
0. 结束
输入0-5，选择相应的操作：3
请输入要查询的学生的学号.
201120121111
没有这个学号，请确认学号输入是否正确。
```

图 10-13　输入学号查询成绩

```
请选择下面的功能：
1. 按学号输出全班同学成绩数据
2. 按总分从高到低排序并输出成绩数据
3. 输入学号查询成绩
4. 输出挂科同学的数据
5. 输出单科前十名的同学数据
0. 结束
输入0-5，选择相应的操作：4
201852501244    张益桐    97      100     55      252
201852501242    白炳钿    86      94      59      239
201852501206    潘雪     96      80      58      234
201852501218    丁梦瑶    78      93      58      229
201852501215    叶倍哲    63      58      96      217
201852501240    黄鑫鑫    56      69      84      209
201852501214    桂任杰    74      59      69      202
201852501202    朱学成    59      80      55      194
201852501237    曹思思    66      64      58      188
201852501210    朱雨婷    62      58      66      186
以上10位同学有不及格情况，请在假期认真复习，准备补考。
```

图 10-14　输出挂科学生的数据

```
请选择下面的功能：
1. 按学号输出全班同学成绩数据
2. 按总分从高到低排序并输出成绩数据
3. 输入学号查询成绩
4. 输出挂科同学的数据
5. 输出单科前十名的同学数据
0. 结束
输入0-5，选择相应的操作：5
查询单科前十名同学的成绩
请输入想查询的科目，1：C语言，2：数学，3：英语
1
C语言成绩前十名的同学数据如下：
学号            姓名      C语言
201852501245    许桃美    100
201852501204    朱晨煜    100
201852501225    宋心洁    99
201852501238    李雄俊    98
201852501229    郑可琪    98
201852501231    陈汇     98
201852501244    张益桐    97
201852501211    吕涵之    96
201852501206    潘雪     96
201852501217    张晓敏    94
```

图 10-15　输出单科前十名的学生的数据

10.5 抽奖系统程序设计

某次活动中有抽奖环节，需要抽出一等奖 1 名、二等奖 2 名、三等奖 5 名，抽奖人的信息包括姓名和手机号，保存在一个 dataLucky.txt 文档中，试着用 C 语言开发出一个抽奖程序。

1. 系统分析

（1）在抽奖程序设计的过程中，关键点是当前某人获奖之后，下一轮的获奖者中需要把此人去掉。因此，可以设计一个结构体，除了文档中包含的姓名和手机号之外，再增加一个获奖标识，"T"表示已经获奖，"F"表示未获奖。

（2）三个奖项的抽取过程一致，因此可以提取为函数，其流程如图 10-16 所示。

扫一扫看抽奖系统程序设计教案

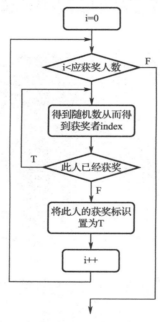

图 10-16　抽奖函数的流程

（3）为了使得抽奖过程更加逼真，可以制作一个滚屏效果，涉及如下函数。

kbhit()：用于检测按键，如果有键按下，则返回对应键值；否则返回零。kbhit 函数不等待键盘按键，无论有无按键都会立即返回，使用时需要包含头文件<conio.h>、<stdio.h>。

sleep()：在 Windows 系统中函数名为 sleep()，功能为将进程挂起一段时间。其函数原型如下：

```
#include <windows.h> //函数使用头文件
void sleep(DWORD dwMilliseconds);  //参数为毫秒
    system("CLS")//用于实现清屏操作，需加头文件<stdlib.h>
```

2. 程序代码

```c
#include <stdio.h>
#include <stdlib.h>
#include <time.h>
#include <windows.h>
#include <conio.h>

#define MAX_NUM 999
//定义抽奖人
struct Person
{
    char name[20];          //姓名
    char telNo[15];         //电话号码
    char award;             //是否获奖
};
int num = 0;                //总人数
FILE *fp;                   //文件指针
struct Person persons[MAX_NUM];              //定义抽奖人数组

int awarder[5] = {-1, -1, -1, -1, -1}; //保存三等奖获得者 index
//读取文件
void readdata()
{
    int i = 0; //数组下标
    struct Person person;
    //文件打开
    fp = fopen("dataLucky.txt", "r");
    if (fp == NULL)
    {
        printf("打开文件 dataLucky.txt 失败!\n");
        return;
    }
    //当文件不为空时
    while (!feof(fp))
    {
        num ++;
        fscanf(fp, "%s", person.telNo);
        fscanf(fp, "%s", person.name);
        person.award = 'F'; //初始时，定义所有人的获奖信息为"F"
        persons[i++] = person;
    }
}
//初始化获奖标识
void init()
{
```

```c
        int i;
        for(i = 0; i < num; i++)
        {
            persons[i].award = 'F';
        }
    }
    //显示单个中奖信息
    void printAwarder( int i)
    {
        printf(" 姓 名 ： %s\t 手 机 号 码 ： %s\n", persons[i].name,
persons[i].telNo);
    }


    //滚屏
    void scrolling(struct Person *p,int type)
    {
        int i;
        printf("\n\n\n***************************************************
***********************\n");
        printf("正在抽%d 等奖, 按回车键结束",type);
        while(!kbhit())
        {
            for(i=0;i<num;i++)
            {
                printf("正在抽%d 等奖, 按回车键结束（仅按一次，不要多按）",type);
                printf("\n\n\n\n******************%s                    %s
******************",p[i].name,p[i].telNo);
                Sleep(200);//将进程挂起 0.2s
                system("cls");
            }
        }
        getchar();
    }
    //得到获奖者，并输出获奖者信息
    void findAwarder(int *awarder,int n){
        int i;
        for(i = 0;i < n; i++)
        {
            //通过随机数，得到获奖者的 index，同时此人的获奖标识必须为 "T"
            do{
                awarder[i] = rand() % num;
            }while (persons[awarder[i]].award == 'T');

            persons[awarder[i]].award = 'T';     //此人的获奖标识必须为 "T"
            printAwarder(awarder[i]);            //输出获奖者信息
        }
```

```
        }

    int main()
    {
        char again = 'Y';
        int type;//奖项类别
        //读取文件
        readdata();
        printf("欢迎使用本抽奖程序\n");
        srand(time(0)); //设置当前的时间值为种子
        while(again == 'Y' || again == 'y')
        {
            //初始化标识
            init();
            printf("\n 开始抽一等奖(1 名)，按回车键开始...\n");
            type = 1;
            getchar();
            scrolling(persons,type);

    printf(" 一等奖获得者：\n");
            findAwarder(awarder,1);
            printf("\n 恭喜上述获奖者\n");

            printf("\n 开始抽二等奖(2 名)，按回车键开始...\n");
            getchar();
            type = 2;
            scrolling(persons,type);

            printf(" 二等奖获得者：\n");
            findAwarder(awarder,2);
            printf("恭喜上述获奖者\n");

            printf("\n\n 开始抽三等奖(5 名)，按回车键开始...\n");
            getchar();
            type = 3;
            scrolling(persons,type);
            printf(" 三等奖获得者：\n");
            findAwarder(awarder,5);

            printf("恭喜上述获奖者\n");
            printf("\n 是否重新开始抽奖?(Y or N)...\n");
            again = getchar();
        }
        return 0;
    }
```

3. 运行结果

程序运行结果如图 10-17 所示。

图 10-17　抽奖系统运行结果

10.6　常见编程错误分析

编程中出现的错误通常有两大类：一类是语法错误，即违背了语法规定而产生的错误，通常编译器会报错，对于此类错误，依据错误提示进行更改即可；另一类是逻辑错误，程序在语法上没有问题，编译器未报错，但是程序结果与预想的不一致，对于此类错误，通常需要对程序的逻辑进行检查，必要时可以借助 printf 语句输出相关值，或者用调试工具来检查。

本节整理了易犯的错误情况，供初学者参考，以起到提醒的作用。

1. 该用英文字符的地方，使用了中文字符

这是初学者易犯的错误之一，尤其是逗号、分号、单引号、双引号等看起来中英文差别比较小的字符。对于这类错误字符，编程环境会给出不同的颜色提示。另外，编程者也可以通过字符所占的空间大小加以区分，中文字符占的字符空间是英文字符的 2 倍。

2. 忽略了变量的类型，进行了不合法的运算

```
main()
{
  float a,b;
  printf("%d",a%b);
}
```

%是求余运算，得到 a/b 的整余数。%只接受整型数据的运算，不接受实型数据的运算，因此，上述代码中将 a、b 定义为 float 时，不能进行%运算。可以将上述代码改写如下：

```
main()
{
   int a,b;
   printf("%d",a%b);
}
```

3. 混淆了字符常量与字符串常量

```
char c;
c="a";
```

此处混淆了字符常量与字符串常量，字符常量是由一对单引号括起来的单个字符，字符串常量是用一对双引号括起来的字符序列。C 程序规定以 "\0" 作为字符串结束标志，它是由系统自动加上的，所以字符串"a"实际上包含两个字符——'a'和\0'，而把它赋给一个字符变量是不行的。可以将代码改写如下：

```
char c;
c='a';
```

4. 忽略了 "=" 与 "==" 的区别

在 C 语言中，"=" 是赋值运算符，"==" 是关系运算符。初学者往往会误将 "==" 写成 "="。

```
if (a=3) a=b;
```

本意是比较 a 是否和 3 相等，如果 a 和 3 相等，则把 b 值赋给 a，而实际这样写会导致 if 后的条件判断始终为真（因为 3 赋值给 a 后，表达式的结果是一个非 0 的数），与本意相左。应将代码改写如下：

```
if (a==3) a=b;
```

5. 忘记加分号

分号是 C 语句中不可缺少的一部分，语句末尾必须有分号。

```
a=1
b=2
```

编译时，编译程序在"a=1"后面没有发现分号，就会把下一行"b=2"也作为上一行语句的一部分，这就会出现语法错误。改错时，有时在被指出有错的一行中未发现错误，就需要看一下上一行是否漏掉了分号。 又如：

```
{ z=x+y;
  t=z/100;
  printf("%f",t);
}
```

对于复合语句来说，最后一个语句中最后的分号不能忽略。

6. 多加分号

对于一个复合语句，如：

```
{ z=x+y;
  t=z/100;
  printf("%f",t);
};
```

复合语句的花括号后不用再加分号，虽然编译器不会报错，但是实际上这是"画蛇添足"。

又如：

```
if (a%3==0);
i++;
```

本意是如果 3 能整除 a，则 i 加 1。但由于 if (a%3==0)后多加了分号，因此 if 语句到此结束，程序将执行 i++语句，不论 3 是否整除 a，i 都将自动加 1。

再如：

```
for (i =0; i <5; i ++);
{
    scanf("%d",&x);
    printf("%d",x);
}
```

本意是先后输入 5 个数，每输入一个数后再将它输出。由于 for()后多加了一个分号，使循环体变为空语句，因此，此时只能输入一个数并输出它。

7. 输入变量时忘记加地址运算符"&"

```
int a,b;
scanf("%d%d",a,b);
```

这是不合法的。scanf 函数的作用是按照 a、b 在内存中的地址将 a、b 的值存储进去。"&a"指 a 在内存中的地址。应将代码改写如下：

```
int a,b;
scanf("%d%d",&a, &b);
```

8. 输入数据的方式与要求不符

（1）scanf("%d%d",&a,&b);。

输入时，不能用逗号做两个数据间的分隔符，如下面的输入不合法：

```
3, 4
```

输入数据时，在两个数据之间以一个或多个空格间隔，也可用回车键或跳格键间隔。

（2）scanf("%d,%d",&a,&b);。

C 语言规定，如果在"格式控制"字符串中除了格式说明以外还有其他字符，则在输入数据时应输入与这些字符相同的字符。下面的输入是合法的：

```
3,4
```

此时不用逗号而用空格或其他字符是不对的，如 3 4 或 3：4 都不对。

又如：

```
scanf("a=%d,b=%d",&a,&b);
```

应以如下形式输入：

```
a=3,b=4
```

9. 输入字符的格式与要求不一致

在用"%c"格式输入字符时，"空格字符"和"转义字符"都作为有效字符输入。

```
scanf("%c%c%c",&c1,&c2,&c3);
```

如输入"a b c"，那么字符'a'送入 c1，空格' '送入 c2，字符'b'送入 c3，与本意不符，因为%c 只要求读入一个字符，因此输入时不需要用空格作为两个字符的间隔符。

10. 输入输出的数据类型与所用格式说明符不一致

例如，a 已定义为整型，b 定义为实型

```
a=3;b=4.5;
printf("%f %d\n",a,b);
```

编译时不会给出出错信息，但运行结果将与原意不符。这种错误尤其需要注意。

11. 输入数据时，企图规定精度

```
scanf("%7.2f",&a);
```

这样做是不合法的，输入数据时不能规定精度。应改为以下形式：

```
scanf("%f",&a);
```

12. switch 语句中漏写 break 语句

例如，根据考试成绩的等级输出百分制数段：

```
switch(grade)
{
    case 'A':printf("85~100\n");
    case 'B':printf("70~84\n");
    case 'C':printf("60~69\n");
    case 'D':printf("<60\n");
    default:printf("error\n");
}
```

由于漏写了 break 语句，case 只起标号的作用，而不起判断作用，因此，当 grade 值为 A 时，printf 函数在执行完第一条语句后继续执行第二、三、四、五条 printf 函数语句。正确写法是在每个分支后再加上"break;"。上述代码应改为以下形式：

```
switch(grade)
{
    case 'A':printf("85~100\n");break;
    case 'B':printf("70~84\n");break;
    case 'C':printf("60~69\n");break;
    case 'D':printf("<60\n");break;
    default:printf("error\n");break;
}
```

13. 忽视了 while 和 do-while 语句在细节上的区别

（1）while 循环：

```
main()
{
    int a=0,i;
    scanf("%d",& i);
    while(i <=10)
    {
        a=a+ i;
        i++;
    }
```

```
    printf("%d",a);
}
```

（2） do-while 循环

```
main()
{
    int a=0,i;
    scanf("%d",& i);
    do
    {
      a=a+i;
      i++;
    }while(i<=10);
    printf("%d",a);
}
```

可以看到，当输入 i 的值小于或等于 10 时，二者得到的结果相同。而当 i>10 时，二者结果不同。因为 while 循环是先判断后执行，而 do-while 循环是先执行后判断。对于大于 10 的数而言，while 循环一次也不执行循环体，而 do-while 语句会执行一次循环体。

14. 定义数组时误用变量

```
    int n;
    scanf("%d",&n);
    int a[n];
```

数组长度 n 应该使用常量表达式，可以包括常量和符号常量，C 程序不允许对数组的大小做动态定义。

15. 在定义数组时，将定义的"元素个数"误认为是可使用的最大下标值

```
main()
{
    int i;
    int a[10]={1,2,3,4,5,6,7,8,9,10};
    for(i=1;i<=10;i++){
        printf("%d",a[i]);
    }
}
```

C 语言规定，若定义时用 a[10]，则表示 a 数组有 10 个元素，其下标值由 0 开始直到 9，所以数组元素 a[10] 是不存在的，上述语句中" for(i=1;i<=10;i++)"应为 "for(i=0;i<10;i++)"。

16. 在不应加地址运算符"&"的位置加了地址运算符

```
    char str[10];
```

```
scanf("%s",&str);
```

C 语言编译系统对数组名的处理如下：数组名代表该数组的起始地址，且 scanf 函数中的输入项是字符数组名，不必再加地址符 "&"。应改为以下形式：

```
scanf("%s",str);
```

17. 变量没有赋初值就直接使用

```
int addition( int n)
{
    int sum,i;
    for(i=0;i<n;i++){
        sum += i;
    }
    printf("%d\n", sum);
    return sum;
}
```

此例中，原本是计算 1～n 中整数的累加和，但是由于 sum 没有赋初值，因此得到的结果是异常的。上述代码中应增加 sum 的赋值语句，可以将 "int sum,i;" 改为 "int sum=0,i;"。

18. 括号不配对

当一个复合语句中使用多层括号时，常会出现这种错误，也有大括号不配对的现象。例如：

```
while((c=getchar()!='a')
putchar(c);
```

少了一个右括号，应改为

```
while((c=getchar())!='a')
putchar(c);
```

19. 引用数组元素时误用了圆括号

```
main(){
int i,a[10];
for(i=0;i<10;i++){
    scanf("%d",a(i));
}
}
```

上述代码中，"scanf("%d",a(i));" 应改为 "scanf("%d",a[i]);"。

20.　混淆了字符数组和指针数组

例如：

```
main()
{
    char str[15];
    str = "I am strong!";
    printf("%s\n",str);
}
```

上述代码中，str 是一个数组，str 代表数组名，不能被这样赋值，可以将 str 改为指针变量，将字符串"I am strong! "的首地址赋给指针变量 str，再进行输出。可以将代码改写如下：

```
main()
{
    char *str;
    str = "I am strong!";
    printf("%s\n",str);
}
```

或者在数组初始化时赋值：

```
main()
{
    char str[15]="I am strong!";
    printf("%s\n",str);
}
```

21.　在引用指针变量之前，没有对它赋值

```
main()
{
    char *p;
    scanf("%s",p);
/*程序其他语句*/
}
```

此处没有给指针变量赋值就使用了它，由于指针变量 p 的值不确定，因此有可能误指向有用的存储空间，导致程序出错。上述代码应改为以下形式：

```
main()
{
    char *p,str[20];
    p = str;
    scanf("%s",p);
/*程序其他语句*/
```

```
}
```

22. 使用自加（++）和自减（--）时出错

```
main()
{
  int *p,a[5]={0,1,2,3,4};
  p = a;
  printf("%d",*p++);
}
```

在上述代码中，因为是 p++，所以先使用再增加，因此第一个输出的是 a[0]，如果想要输出 a[1]，则"printf("%d",*p++);"应改为"printf("%d",*(++p));"。

23. 所调用的函数在调用语句之后定义，但在调用之前没有说明

```
main()
{
    float a=2,b=3,c;
    c = min(a,b);
    printf("%f\n",c);
}
  float min(float a,float b){
    return (a<b?a:b);
}
```

在上述代码中，min()在 main()之后定义，在调用之前没有说明，因此出错，应将函数定义放在 main()之前，即：

```
float min(float a, float b){
    return (a<b?a:b);
}
main(){
    float a=2,b=3,c;
    c = min(a,b);
    printf("%f\n",c);
}
```

也可以在调用函数内部对函数进行声明，如果有多个函数需要调用 min()，则可以将 min()的定义放在 main()之外，通常会将其放在程序的头文件之后。

```
main(){
    float min(float a, float b);
    int a=2,b=3,c;
    c = min(a,b);
    printf("%d\n",c);
}
float min(float a, float b){
```

```
    return (a<b?a:b);
}
```

24. 误认为形参值的改变会影响实参的值

```
main()
{
int a = 3,b = 4;
swap(a,b);
printf("%d,%d",a,b);
}
int swap(int a,int b)
{
    int t;
    t = a,
    a = b;
    b = t;
}
```

其本意为用 swap 函数交换 a 和 b 的值，由于形参和实参之间单向传递，若在 swap 中改变了 a 和 b 的值，main 函数中的 a 和 b 也是不会改变的，可以使用指针，将代码修改成如下形式：

```
main()
{
int a = 3,b = 4;
int *p1,*p2;
p1=&a;
p2 = &b;
swap(p1,p2);
printf("%d,%d",a,b);
}
int swap(int *a,int *b)
{
    int t;
    t = *a,
    *a = *b;
    *b = t;
}
```

虽然 swap 函数在 main 函数之后，并且在调用函数之前没有声明，但是由于 swap 函数返回值为整型，C 语言规定返回值为整型的函数在调用之前可以不必声明。

25. 函数的实参和形参类型不一致

```
main(){
  int a = 3,b = 4;
  int *p1,*p2;
```

```
    p1=&a;
    p2 = &b;
    swap(p1,p2);
    printf("%d,%d",a,b);
}
int swap(int a,int b){
    int t;
    t = a,
    a = b;
    b = t;
}
```

函数的实参和形参类型、个数必须一致。

26. 混淆了结构体类型和结构体变量

```
struct Student
{
    char num[13];
    char name[10];
    int c;
};
Student.num = 1;
```

在上述代码中，只是说明了一种 struct Student 的结构，并没有为这种类型的结构体变量开辟空间，因此不能对结构体类型赋值，应该在定义该类型的结构体变量后，再对变量进行赋值。上述代码可修改如下：

```
struct Student
{
    char num[13];
    char name[10];
    int c;
};
struct Student stu;
stu.num = 1;
```

本章小结

任何语言的掌握都离不开实际应用，任何语言的生命力也都在于应用，因此在此书中增加了本章内容，以帮助学习者熟练掌握 C 语言的语法规则和程序结构，理解结构化程序设计方法，确立结构化程序设计的思维方式，并有效解决实际问题。本章先结合 C 语言知识点给出了 5 个开发案例，这几个案例与实际应用场景紧密结合，帮助学习者整合之前所学内容；又结合初学者容易犯的错误，整理出了 26 个易错点，供学习者参考借鉴。

附录 A ASCII 码表

ASCII 如表 A-1 所示。

表 A-1 ASCII 码表

ASCII 值	控制字符	ASCII 值	控制字符	ASCII 值	控制字符	ASCII 值	控制字符
0	NUT	32	(space)	64	@	96	`
1	SOH	33	!	65	A	97	a
2	STX	34	"	66	B	98	b
3	ETX	35	#	67	C	99	c
4	EOT	36	$	68	D	100	d
5	ENQ	37	%	69	E	101	e
6	ACK	38	&	70	F	102	f
7	BEL	39	,	71	G	103	g
8	BS	40	(	72	H	104	h
9	HT	41	)	73	I	105	i
10	LF	42	*	74	J	106	j
11	VT	43	+	75	K	107	k
12	FF	44	,	76	L	108	l
13	CR	45	-	77	M	109	m
14	SO	46	.	78	N	110	n
15	SI	47	/	79	O	111	o
16	DLE	48	0	80	P	112	p
17	DCI	49	1	81	Q	113	q
18	DC2	50	2	82	R	114	r
19	DC3	51	3	83	S	115	s
20	DC4	52	4	84	T	116	t
21	NAK	53	5	85	U	117	u
22	SYN	54	6	86	V	118	v
23	TB	55	7	87	W	119	w
24	CAN	56	8	88	X	120	x
25	EM	57	9	89	Y	121	y
26	SUB	58	:	90	Z	122	z
27	ESC	59	;	91	[	123	{
28	FS	60	<	92	/	124	|
29	GS	61	=	93	]	125	}
30	RS	62	>	94	^	126	`
31	US	63	?	95	-	127	DEL

附录 B 运算符优先级及结合性

C 语言的运算符众多，具有不同的优先级和结合性，这里将它们全部列了出来，方便大家对比和记忆，如表 C-1 所示。

表 C-1 运算符的优先级及结合性

优先级	运算符	名称或含义	使用形式	结合方向	说明
1	[]	数组下标	数组名[常量表达式]	左到右	
	()	圆括号	（表达式）/函数名(形参表)		
	.	成员选择（对象）	对象.成员名		
	->	成员选择（指针）	对象指针->成员名		
2	−	负号运算符	-表达式	右到左	单目运算符
	(类型)	强制类型转换	(数据类型)表达式		
	++	自增运算符	++变量名/变量名++		单目运算符
	−−	自减运算符	--变量名/变量名--		单目运算符
	*	取值运算符	*指针变量		单目运算符
	&	取地址运算符	&变量名		单目运算符
	!	逻辑非运算符	!表达式		单目运算符
	~	按位取反运算符	~表达式		单目运算符
	sizeof	长度运算符	sizeof(表达式)		
3	/	除	表达式/表达式	左到右	双目运算符
	*	乘	表达式*表达式		双目运算符
	%	余数（取模）	整型表达式/整型表达式		双目运算符
4	+	加	表达式+表达式	左到右	双目运算符
	−	减	表达式-表达式		双目运算符
5	<<	左移	变量<<表达式	左到右	双目运算符
	>>	右移	变量>>表达式		双目运算符
6	>	大于	表达式>表达式	左到右	双目运算符
	>=	大于等于	表达式>=表达式		双目运算符

优先级	运算符	名称或含义	使用形式	结合方向	说明
	<	小于	表达式<表达式		双目运算符
	<=	小于等于	表达式<=表达式		双目运算符
7	==	等于	表达式==表达式	左到右	双目运算符
	!=	不等于	表达式!= 表达式		双目运算符
8	&	按位与	表达式&表达式	左到右	双目运算符
9	^	按位异或	表达式^表达式	左到右	双目运算符
10	|	按位或	表达式|表达式	左到右	双目运算符
11	&&	逻辑与	表达式&&表达式	左到右	双目运算符
12	||	逻辑或	表达式||表达式	左到右	双目运算符
13	?:	条件运算符	表达式1? 表达式2: 表达式3	右到左	三目运算符
	=	赋值运算符	变量=表达式		
	/=	除后赋值	变量/=表达式		
	*=	乘后赋值	变量*=表达式		
	%=	取模后赋值	变量%=表达式		
	+=	加后赋值	变量+=表达式		
14	-=	减后赋值	变量-=表达式	右到左	
	<<=	左移后赋值	变量<<=表达式		
	>>=	右移后赋值	变量>>=表达式		
	&=	按位与后赋值	变量&=表达式		
	^=	按位异或后赋值	变量^=表达式		
	|=	按位或后赋值	变量|=表达式		
15	,	逗号运算符	表达式,表达式,…	左到右	从左向右顺序运算

注意：同一优先级的运算符，运算次序由结合方向决定。

附录 C　常用库函数

1. 数学函数

调用数学函数时，要求在源文件中包含以下命令行：

```
#include <math.h>
```

常用数学函数如表 D-1 所示。

表 D-1　数学函数

函数原型说明	功　　能	返回值	说明
int abs(int x)	求整数 x 的绝对值	计算结果	
double fabs(double x)	求双精度实数 x 的绝对值	计算结果	
double acos(double x)	计算 $\cos^{-1}(x)$ 的值	计算结果	x 为（-1～1）
double asin(double x)	计算 $\sin^{-1}(x)$ 的值	计算结果	x 为（-1～1）
double atan(double x)	计算 $\tan^{-1}(x)$ 的值	计算结果	
double atan2(double x)	计算 $\tan^{-1}(x/y)$ 的值	计算结果	
double cos(double x)	计算 $\cos(x)$ 的值	计算结果	x 的单位为弧度
double cosh(double x)	计算双曲余弦 $\cosh(x)$ 的值	计算结果	
double exp(double x)	求 e^x 的值	计算结果	
double fabs(double x)	求双精度实数 x 的绝对值	计算结果	
double floor(double x)	求不大于双精度实数 x 的最大整数		
double fmod(double x,double y)	求 x/y 整除后的双精度余数		
double frexp(double val,int *exp)	把双精度数 val 分解成尾数和以 2 为底的指数 n，即 val=x*2^n，n 存放在 exp 所指的变量中	返回位数 x $0.5 \leqslant x < 1$	
double log(double x)	求 ln x	计算结果	x>0
double log10(double x)	求 lgx	计算结果	x>0
double modf(double val,double *ip)	把双精度数 val 分解成整数部分和小数部分，整数部分存放在 ip 所指的变量中	返回小数部分	
double pow(double x,double y)	计算 x^y 的值	计算结果	
double sin(double x)	计算 $\sin(x)$ 的值	计算结果	x 的单位为弧度
double sinh(double x)	计算 x 的双曲正弦函数 $\sinh(x)$ 的值	计算结果	
double sqrt(double x)	计算 x 的开方	计算结果	x≥0
double tan(double x)	计算 $\tan(x)$	计算结果	
double tanh(double x)	计算 x 的双曲正切函数 $\tanh(x)$ 的值	计算结果	

2. 字符函数

调用字符函数时，要求在源文件中包含以下命令行：

```
#include <ctype.h>
```

常用字符函数如表 D-2 所示。

表 D-2 字符函数

函数原型说明	功　　能	返回值
int isalnum(int ch)	检查 ch 是否为字母或数字	是，返回 1；否则返回 0
int isalpha(int ch)	检查 ch 是否为字母	是，返回 1；否则返回 0
int iscntrl(int ch)	检查 ch 是否为控制字符	是，返回 1；否则返回 0
int isdigit(int ch)	检查 ch 是否为数字	是，返回 1；否则返回 0
int isgraph(int ch)	检查 ch 是否为 ASCII 码值在 ox21 到 ox7e 之间的可打印字符（即不包含空格字符）	是，返回 1；否则返回 0
int islower(int ch)	检查 ch 是否为小写字母	是，返回 1；否则返回 0
int isprint(int ch)	检查 ch 是否为包含空格符在内的可打印字符	是，返回 1；否则返回 0
int ispunct(int ch)	检查 ch 是否为除了空格、字母、数字之外的可打印字符	是，返回 1；否则返回 0
int isspace(int ch)	检查 ch 是否为空格符、制表符或换行符	是，返回 1；否则返回 0
int isupper(int ch)	检查 ch 是否为大写字母	是，返回 1；否则返回 0
int isxdigit(int ch)	检查 ch 是否为十六进制数	是，返回 1；否则返回 0
int tolower(int ch)	把 ch 中的字母转换成小写字母	返回对应的小写字母
int toupper(int ch)	把 ch 中的字母转换成大写字母	返回对应的大写字母

3. 字符串函数

调用字符串函数时，要求在源文件中包含以下命令行：

```
#include <string.h>
```

常用字符串函数如表 D-3 所示。

表 D-3 字符串函数

函数原型说明	功　　能	返回值
char *strcat(char *s1,char *s2)	把字符串 s2 接到 s1 后面	s1 所指地址
char *strchr(char *s,int ch)	在 s 所指字符串中，找出第一次出现字符 ch 的位置	返回找到的字符的地址，找不到时返回 NULL
int strcmp(char *s1,char *s2)	对 s1 和 s2 所指字符串进行比较	s1<s2 时，返回负数；s1= =s2 时，返回 0；s1>s2 时，返回正数
char *strcpy(char *s1,char *s2)	把 s2 指向的字符串复制到 s1 指向的空间	s1 所指地址
unsigned strlen(char *s)	求字符串 s 的长度	返回字符字符串中字符（不计最后的'\0'）的个数
char *strstr(char *s1,char *s2)	在 s1 所指字符串中，找出字符串 s2 第一次出现的位置	返回找到的字符串的地址，找不到时返回 NULL

4. 输入输出函数

调用输入输出函数时，要求在源文件中包含以下命令行：

```
#include <stdio.h>
```

常用输入输出函数如表 D-4 所示。

表 D-4　输入输出函数

函数原型说明	功　　能	返回值
void clearer(FILE *fp)	清除与文件指针 fp 有关的所有出错信息	无
int fclose(FILE *fp)	关闭 fp 所指的文件，释放文件缓冲区	出错返回非 0，否则返回 0
int feof (FILE *fp)	检查文件是否结束	遇文件结束返回非 0，否则返回 0
int fgetc (FILE *fp)	从 fp 所指的文件中取得下一个字符	出错返回 EOF，否则返回所读字符
char *fgets(char *buf,int n, FILE *fp)	从 fp 所指的文件中读取一个长度为 n-1 的字符串，将其存入 buf 所指储区	返回 buf 所指地址，若遇文件结束或出错，则返回 NULL
FILE *fopen(char *filename,char *mode)	以 mode 指定的方式打开名为 filename 的文件	成功则返回文件指针（文件信息区的起始地址），否则返回 NULL
int fprintf(FILE *fp, char *format, args,…)	把 args,… 的值以 format 指定的格式输出到 fp 指定的文件中	实际输出的字符数
int fputc(char ch, FILE *fp)	把 ch 中的字符输出到 fp 指定的文件中	成功则返回该字符，否则返回 EOF
int fputs(char *str, FILE *fp)	把 str 所指字符串输出到 fp 所指文件中	成功则返回非负整数，否则返回 -1（EOF）
int fread(char *pt,unsigned size,unsigned n, FILE *fp)	从 fp 所指文件中读取长度为 size 的 n 个数据项存到 pt 所指文件中	读取的数据项个数
int fscanf (FILE *fp, char *format,args,…)	从 fp 所指的文件中按 format 指定的格式把输入数据存入到 args,… 所指的内存中	已输入的数据个数，遇文件结束或出错返回 0
int fseek (FILE *fp,long offer,int base)	移动 fp 所指文件的位置指针	成功则返回当前位置，否则返回非 0
long ftell (FILE *fp)	求出 fp 所指文件当前的读写位置	读写位置，出错时返回 -1L
int fwrite(char *pt,unsigned size,unsigned n, FILE *fp)	把 pt 所指向的 n*size 个字节输入到 fp 所指文件中	输出的数据项个数
int getc (FILE *fp)	从 fp 所指文件中读取一个字符	返回所读字符，若出错或文件结束则返回 EOF
int getchar(void)	从标准输入设备中读取下一个字符	返回所读字符，若出错或文件结束则返回 -1
char *gets(char *s)	从标准设备中读取一行字符串放入 s 所指存储区，用'\0'替换读入的换行符	返回 s，出错时返回 NULL
int printf(char *format,args,…)	把 args,… 的值以 format 指定的格式输出到标准输出设备中	输出字符的个数
int putc (int ch, FILE *fp)	同 fputc	同 fputc

续表

函数原型说明	功　　能	返回值
int putchar(char ch)	把 ch 输出到标准输出设备中	返回输出的字符，若出错则返回 EOF
int puts(char *str)	把 str 所指字符串输出到标准设备中，将'\0'转成回车换行符	返回换行符，若出错，则返回 EOF
int rename(char *oldname,char *newname)	把 oldname 所指文件名改为 newname 所指文件名	成功返回 0，出错返回-1
void rewind(FILE *fp)	将文件位置指针置于文件开头	无
int scanf(char *format,args,…)	从标准输入设备按 format 指定的格式把输入数据存到 args,… 所指的内存中	已输入的数据的个数

5. 动态分配函数和随机函数

调用函数时，要求在源文件中包含以下命令行：

```
#include <stdlib.h>
```

常用动态分配函数和随机函数如表 D-5 所示。

表 D-5　动态分配函数和随机函数

函数原型说明	功　　能	返　回　值
void *calloc(unsigned n,unsigned size)	分配 n 个数据项的内存空间，每个数据项的大小为 size 个字节	分配内存单元的起始地址；如不成功，则返回 0
void *free(void *p)	释放 p 所指的内存区	无
void *malloc(unsigned size)	分配 size 个字节的存储空间	分配内存空间的地址；如不成功，则返回 0
void *realloc(void *p,unsigned size)	把 p 所指内存区的大小改为 size 个字节	新分配内存空间的地址；如不成功，则返回 0
int rand(void)	产生 0～32767 中的随机整数	返回一个随机整数
void exit(int state)	程序终止执行，返回调用过程，state 为 0 时表示正常终止，为非 0 时表示非正常终止	无

参 考 文 献

［1］谭浩强. C 语言程序设计[M]. 4 版. 北京：清华大学出版社, 2010.

［2］乌云高娃. C 语言程序设计 [M]. 3 版. 北京：高等教育出版社, 2015.

［3］衡军山. C 语言程序设计[M]. 北京：高等教育出版社, 2016.

［4］周雅静. C 语言程序设计项目化教程[M]. 北京：电子工业出版社, 2014.

［5］Herbert Schildt. ANSCI C 标准详解[M]. 王曦若，李沛译. 北京：学苑出版社, 1994.

推荐网络学习资源

［1］慕课网：https://www.imooc.com.

［2］中国大学慕课：http://www.icourse163.org.

［3］学堂在线：http://www.xuetangx.com.

［4］慕课中国：http://www.mooc.cn.

［5］C 语言中文网：http://c.biancheng.net.